信创教育系列教材

智能产品系统设计与开发

丁向荣 钱程东 赖金志 杨军 周启业 编著

清华大学出版社

北京

内 容 简 介

本书基于飞腾派开发平台以及 Intewell 实时操作系统进行编写。全书共分为 5 章,内容围绕典型智能产品展开,包括智能产品设计与开发基础、嵌入式操作系统应用基础、工业通信协议与应用、智能机器人和桌面教学机器人的设计与开发。通过本书的学习,学生可以熟练掌握飞腾嵌入式 CPU 与 Intewell 实时操作系统在智能产品应用领域的系统设计与开发技能。

本书可作为应用型本科、职业本科、高职高专等院校工业互联网技术、人工智能、机器人工程等电子类相关专业智能产品系统设计方面课程的教材,也可作为飞腾嵌入式 CPU 应用及 Intewell 实时操作系统工程技术人员的参考书。

图书在版编目(CIP)数据

智能产品系统设计与开发 / 丁向荣等编著. -- 北京 :清华大学出版社,
2025. 8. --(信创教育系列教材). -- ISBN 978-7-302-70060-9

Ⅰ. TB472

中国国家版本馆 CIP 数据核字第 2025TL3144 号

责任编辑:王剑乔
封面设计:刘 键
责任校对:袁 芳
责任印制:曹婉颖

出版发行:清华大学出版社
  网 址:https://www.tup.com.cn, https://www.wqxuetang.com
  地 址:北京清华大学学研大厦 A 座 邮 编:100084
  社 总 机:010-83470000 邮 购:010-62786544
  投稿与读者服务:010-62776969,c-service@tup.tsinghua.edu.cn
  质量反馈:010-62772015,zhiliang@tup.tsinghua.edu.cn
  课件下载:https://www.tup.com.cn,010-83470410
印 装 者:三河市人民印务有限公司
经 销:全国新华书店
开 本:185mm×260mm 印 张:10.5 字 数:245 千字
版 次:2025 年 8 月第 1 版 印 次:2025 年 8 月第 1 次印刷
定 价:49.00 元

产品编号:103063-01

本书编委会

主任委员：

廖永红　张承义　郭御风

副主任委员：

吴卫华　李　平　王东方

委员：【按姓氏拼音排名】

陈　君　丁向荣　窦小龙　何文丹　黄飞丹　贾树生　赖金志

李吉平　李　阳　连宇飞　刘一流　卢佳酉　吕永明　陆永东

罗恩明　钱程东　任　巨　王理想　王新强　吴　鑫　辛继胜

许高峰　闫　茹　杨　军　杨　威　杨耀功　余世清　余　湲

曾启杰　周启业

信息时代,技术的基础和产业的底座是以处理器和数据为代表的算力,CPU(中央处理器)作为核心算力的基础,已经成为国家信息安全和产业发展的关键。飞腾作为CPU设计研发的"国家队",凭借20余年的技术积累,自主研发了飞腾系列高性能微处理器,为我们国家千行百业的发展提供了"中国芯"助力。在当今快速发展的数字化时代,信息技术应用创新(信创)产业的重要性日益凸显,作为中国信创领域的佼佼者,飞腾在推动自主创新和科技自立自强方面所做的努力和取得的成就是数字中国快速发展的一个缩影。

本系列教材是飞腾在信创人才培养上迈出的重要一步,它不仅是飞腾在信创领域自主创新的生动实践,也是将飞腾的创新思想进行提炼、总结传递给广大读者的一次有益尝试,必将为国家信创产业的发展提供可供参考的创新经验。广大读者通过深入阅读此系列教材,可以看到飞腾CPU如何实现从"0"到"1"的突破,如何实现从面向超算应用场景到面向关键行业多应用场景的跨越式发展。

本系列教材不仅是一套介绍高性能微处理器应用方面的技术丛书,更是一套关于信创精神和实践的指南,全套教材包括《程序设计基础》《嵌入式系统原理与应用》《智能产品系统设计与开发》《边缘计算技术应用》以及《嵌入式实时操作系统应用》。其中,《程序设计基础》主讲程序设计基础知识,融合飞腾嵌入式芯片开发平台进行课程实验实训;《嵌入式系统原理与应用》围绕飞腾嵌入式芯片进行开发环境搭建及实操案例,提供全面的国产化嵌入式环境学习指南;《智能产品系统设计与开发》通过实际案例介绍智能产品的设计和开发流程,提供基于国产嵌入式芯片及操作系统的开发指南;《边缘计算技术应用》着眼于边缘计算的基本概念、技术架构、应用场景及基于飞腾嵌入式芯片的开发案例;《嵌入式实时操作系统应用》立足飞腾嵌入式芯片开发环境,介绍国产嵌入式实时操作系统的基本知识及应用案例。本系列教材围绕飞腾嵌入式CPU的应用实践而开发,通过深入的技术分析和案例研究,培养高校学生的动手实践能力、创新意识和责任感,帮助学生理解国产CPU在信创舞台上发挥的重要作用和价值。

我期待本系列教材能够激发更多学生对于集成电路的兴趣,为推动我国信息产业的繁荣发展做出更大贡献。

窦 强

2025年2月13日

前　言

随着科技的飞速发展，智能产品已经渗透到我们生活的方方面面，从智能手机到智能家居，从智能穿戴到智能医疗、智能交通，再到智能制造，智能产品的种类日益多样化，功能也日益强大。这些产品不仅在技术上呈现出明显的融合趋势，如智能家居与人工智能的结合，智能穿戴与健康监测技术的融合，还不断推动着社会的进步和发展。

在此背景下，"智能产品系统设计与开发"这门课程应运而生。本课程旨在培养具备智能产品系统设计与开发能力的高素质人才，使学生掌握智能产品的基本概念、原理和技术，具备从事智能产品系统设计、开发、测试和维护的能力。

本书从智能产品的概述入手，详细介绍了智能产品的定义、特点、分类以及在现代生活中的应用和影响；深入剖析了智能产品的开发流程，包括需求分析、市场调研、设计与原型制作、硬件与软件的集成开发、测试与优化以及产品发布与维护等各个环节。在这一过程中，本书不仅注重理论知识的讲解，还通过实际案例分析，帮助学生更好地理解和掌握智能产品系统设计与开发的核心技术和方法。

本书基于飞腾派开发平台以及 Intewell 实时操作系统开发。飞腾派作为一款高性能的嵌入式开发平台，采用飞腾派 E2000 定制芯片，具有丰富的接口和模块化设计，能够灵活地应用于不同的场景和需求；而 Intewell 实时操作系统则以其强大的实时性和稳定性，为智能产品的开发和运行提供了有力的支持。

本书是广东轻工职业技术大学与飞腾信息技术有限公司深度合作的结晶，让飞腾芯走进校园，实践信创教育。本书基于国产飞腾嵌入式 CPU、国产 Intewell 实时操作系统，围绕典型智能产品编写，共分为 5 章，包含智能产品设计与开发基础、嵌入式操作系统应用基础、工业通信协议与应用、智能机器人、桌面教学机器人的设计与开发，可作为大中专院校工业互联网技术、人工智能、机器人工程、智能科学与技术、计算机科学与技术、软件工程、集成电路与工程、自动化及其他电子信息领域相关专业的嵌入式系统应用课程教材，也可作为从事智能产品系统设计与开发的工程技术人员的参考书。

在本书编写过程中，我们充分考虑了学生的学习需求和认知水平，力求实用性、应用性与易学性并重，以提高学生的工程设计能力与实践动手能力为目标，力求让学生熟练掌握飞腾 E2000 与 Intewell 实时操作系统在智能产品应用领域的系统设计与开发技能。

感谢飞腾信息技术有限公司的资助与技术支持，感谢科东（广州）软件科技有限公司的技术支持与大力协助，尤其感谢科东（广州）软件科技有限公司林端、吴敏生、林雄旋、容铭康、颜志军、张洪山等工程师们的直接帮助与支持！感谢广东轻工职业技术大学工业互联网学院廖永红院长的关心与支持，在此，对所有提供帮助的人表示感谢！

本书由丁向荣、钱程东、赖金志、杨军、周启业通力协作,共同编著完成。

由于编著者水平有限,书中定有疏漏和不妥之处,敬请读者不吝指正!另外,本书内容不可能面面俱到,若读者想了解更多或更详细的内容,可进一步参考飞腾 E2000、飞腾派以及 Intewell 相关技术手册。如有建议,可联系编辑或编著者进一步沟通与交流。

编著者

2025 年 1 月于广州

本书资源更新

目 录

## 第 1 章

智能产品设计与开发基础

【知识目标】

熟悉智能产品设计与开发的基本概念、原理、流程等相关基础知识,构建起该领域的知识框架;了解基于飞腾派与 Intewell 开发平台的功能特点、架构以及适用场景等内容,明确其在智能产品开发中的作用。

【能力目标】

能够运用所学的智能产品设计与开发基础知识,参与到简单智能产品从构思到初步设计的过程,具备一定的整体规划与设计能力;可以基于飞腾派与 Intewell 开发平台进行相关开发工作,包括搭建开发环境、调用平台资源等,实现一些基础功能模块的开发与整合;在飞腾派上安装 Intewell-Lin 实时扩展型操作系统的实践。

【素质目标】

敢于突破常规,具备提出新颖想法与解决方案的创新思维,以更好地满足多样化的用户需求和市场变化;锻炼独立解决实际问题的素质,树立团队协作意识,能够与不同专业背景的人员有效沟通并协同工作。

1.1 智能产品概述

智能产品是指具有智能化功能的产品,通常通过内置的 CPU、传感器、网络连接和软件实现自动化、远程控制或者智能化交互,提供更加个性化和智能化的功能。

常规的智能产品通常包含如表 1-1 所示的主要功能模块。

表 1-1 智能产品主要功能模块及其作用

功能模块	作　　用
传感器	感知周围环境,收集数据。常见的传感器包括光敏传感器、温度传感器、湿度传感器、气体传感器、运动传感器等
控制器	处理数据,并根据处理结果控制执行器。控制器通常包含一个微控制器(MCU)或中央处理器(CPU),以及一些存储器和外围设备。 控制器的选择要根据产品的具体功能和应用场景进行综合考虑。例如,对于功耗要求较高的产品,可以选择微控制器作为主控;对于性能要求较高的产品,可以选择中央处理器作为主控

续表

功能模块	作　用
通信模块	与外部设备进行通信。常见的通信模块包括 Wi-Fi、蓝牙、ZigBee、LoRa 等
执行器	对周围环境进行控制。常见的执行器包括电动机、灯光、喇叭、显示屏等
控制系统	控制系统是智能产品系统中的非硬件部分，包括操作系统、驱动程序、应用程序和工具链等，负责管理和控制智能产品的硬件资源，并提供用户界面和系统功能。 智能产品常用的系统有以下几种。 （1）嵌入式系统：嵌入式系统是专门为特定应用场景设计的计算机系统，通常具有体积小、功耗低、成本低等特点。嵌入式系统是智能产品最常用的系统类型，例如智能家居设备、智能穿戴设备等。 （2）Linux 系统：Linux 系统是一种开源的操作系统，具有强大的可扩展性和兼容性。Linux 系统在智能产品中的应用越来越广泛，例如智能电视、智能机顶盒等。 （3）Android 系统：Android 系统是由 Google 公司开发的移动操作系统，具有丰富的应用生态。Android 系统在智能手机、平板电脑等智能移动设备中应用广泛

智能产品通常使用多领域的技术，根据产品的具体功能和应用场景而使用不同技术组合。随着技术的不断发展，智能产品的技术组合会更加复杂和多样化。

（1）传感器技术：传感器技术是智能产品的基础，用来感知周围环境，收集数据。常见的传感器技术包括光学传感、电学传感、机械传感、生物传感等。

（2）控制技术：控制技术是智能产品的核心，用来处理传感器采集的数据，并根据处理结果控制执行器。常见的控制技术包括模糊控制、PID 控制、神经网络控制等。

（3）通信技术：通信技术是智能产品的关键，用来与外部设备进行通信。常见的通信技术包括 Wi-Fi、蓝牙、ZigBee、LoRa 等。

（4）图像处理技术：图像处理技术用来处理图像数据，例如用于智能相机、智能家居摄像头等。

（5）大数据技术：大数据技术用来处理海量数据，例如用于智能物流、智能制造等。

（6）人工智能技术：人工智能技术是智能产品的未来，用来实现机器学习、自然语言处理、图像识别等功能。

1.2　智能产品的选题与调研

智能产品选题与调研是产品开发过程中的关键环节，直接影响产品的研发方向是否正确，以及能否满足用户需求，是确保项目成功的关键。

1. 选题原则

选题应基于实际的需求，确保所设计的产品能够解决现有问题或提升生产效率。选题应具有一定的创新性，能够在市场中形成竞争优势，并且系统设计应具有良好的扩展性，以便未来能够进行升级和扩展。

2. 调研的内容与步骤

在智能产品设计的初期，进行用户需求调研是至关重要的一步，这通常通过问卷调查、访谈和焦点小组等方法来实现，目的在于收集用户的需求和反馈，确保设计出的产品能够解决用户的实际问题。

（1）市场调研帮助我们了解市场规模、增长趋势和竞争格局，为产品设计提供重要的参考信息。

（2）技术调研则关注所需技术的可行性和适用性，评估这些技术是否能够在实际应用中实现，确保技术选择能够支撑产品的功能和性能。

（3）经济调研是分析项目成本和收益的重要环节，通过评估投资回报率确保项目的经济效益和经济可行性。

（4）了解并遵守相关的行业法规和标准也是设计过程中不可忽视的一环，它确保产品设计不仅满足用户和市场的需求，同时符合行业规范，为产品的合规性和可靠性打下基础。

这一系列的调研和评估工作，共同构成了智能产品设计的坚实基础，为后续的开发和实施阶段奠定了成功的基石。

在进行调研的过程中，我们首先需要确定调研的目标和范围，这是制订调研计划的基础。明确目标之后，采用多种调研方法，如问卷调查、访谈和文献研究等收集必要的数据，这些数据是调研工作的核心。收集到数据后，需要对这些数据进行系统的整理和分析。这一阶段的目标是从数据中提取有价值的结论，为后续的决策提供支持。分析完成后，将调研结果整理成一份详细的报告，以供决策者参考和使用。最后，根据调研结果和收到的反馈，对产品设计方案进行必要的调整，确保设计方案能够满足用户的实际需求，并且技术上是可行的。通过这种反馈和调整的循环，研发者能够不断优化设计方案，提高产品的质量和性能。调研是一个连续的过程，它从明确目标开始，通过收集和分析数据，最终形成报告，并根据反馈进行调整，以确保设计方案的最终成功。

1.3 智能产品系统设计的开发流程

1. 开发流程

在智能产品开发流程中，首先进行的是需求分析，这是整个设计流程的基础。在这一阶段，需要分析产品的目标用户、使用场景以及用户的具体需求，明确系统的功能和性能要求。基于需求分析的结果进行技术评估，以确定实现产品所需的技术，包括硬件、软件、算法等，并评估这些技术的可行性。

在技术评估之后，将进入原型开发阶段，根据概念设计开发产品的原型。这个原型可以是软件的界面原型，也可以是硬件的实体模型。

原型开发完成后，在原型测试的基础上进行产品的详细设计，这包括硬件设计、软件设计等。

详细设计完成后，根据设计文档进行产品的系统实现。在系统集成阶段将各个模块和组件集成到一起，形成完整的产品系统，进行整体测试和优化。

在确保产品满足所有设计要求和用户需求后，进行产品发布。

在产品发布之后，根据市场反馈和用户需求对产品进行维护和升级，以确保产品的持续改进和满足用户需求。常规的智能产品系统设计开发流程如图 1-1 所示。

2. 难点和要点

智能产品系统设计面临诸如需求不明确、技术复杂性高、系统集成和成本控制等问题。

```
┌──────────┐    ┌──────────┐    ┌──────────┐    ┌──────────┐
│  需求分析  │ →  │  技术评估  │ →  │  原型开发  │ →  │  详细设计  │
├──────────┤    ├──────────┤    ├──────────┤    ├──────────┤
│确定产品的目标│    │评估实现产品所│    │          │    │在原型测试的基│
│用户、使用场景│    │需的技术，包括│    │根据概念设计，│    │础上，进行产品│
│以及用户的具体│    │硬件、软件、算│    │开发产品的原型│    │的硬件设计、软│
│需求       │    │法等，并确定技│    │          │    │件设计等     │
│          │    │术可行性    │    │          │    │          │
└──────────┘    └──────────┘    └──────────┘    └──────────┘
```

```
┌──────────┐    ┌──────────┐    ┌──────────┐    ┌──────────┐
│  系统实现  │ →  │  系统集成  │ →  │  产品发布  │ →  │  维护与升级  │
├──────────┤    ├──────────┤    ├──────────┤    ├──────────┤
│          │    │将各个模块和 │    │在确保产品满足│    │根据市场反馈 │
│根据设计文档，│    │组件集成到一 │    │所有设计要求和│    │和用户需求， │
│进行产品的系统│    │起，形成完整 │    │用户需求后，进│    │对产品进行维 │
│实现       │    │的产品系统   │    │行产品发布   │    │护和升级     │
└──────────┘    └──────────┘    └──────────┘    └──────────┘
```

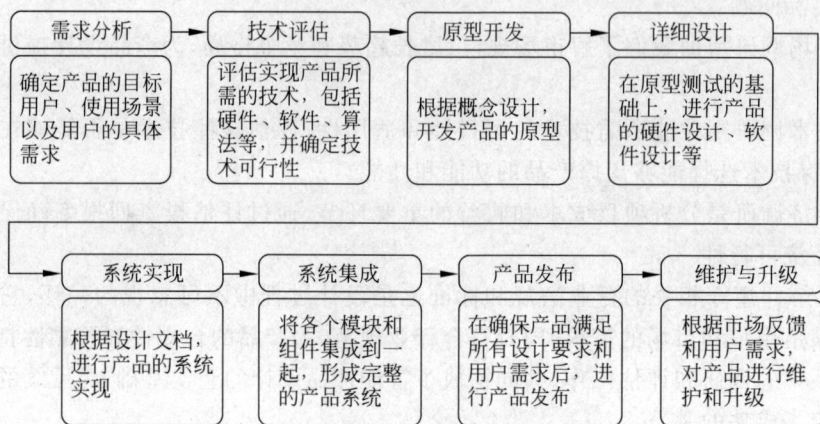

图 1-1　智能产品系统设计开发流程

用户需求可能不明确或不断变化，导致系统设计难以满足实际需求。智能产品系统涉及多种先进技术，如物联网和人工智能，技术复杂性高。确保系统的数据安全，防止数据泄露和网络攻击是一个重要挑战。将不同的子系统集成到一起，确保系统的稳定性和可靠性也是一大难点。此外，在保证系统性能的前提下，控制开发和维护成本也是需要重点考虑的。

1）智能产品系统设计的开发要点

在智能产品系统设计中，开发要点包括以用户为中心、技术创新、用户体验、可扩展性和模块化、兼容性和互操作性、环境适应性以及法规遵从性。以用户为中心意味着始终将用户需求放在首位；技术创新则要求研发者采用最新的技术实现产品功能；用户体验设计关注产品的易用性和直观性；可扩展性和模块化设计有助于产品未来的升级和扩展；兼容性和互操作性则确保产品能够与其他系统无缝集成；环境适应性保证了产品在不同条件下的性能；法规遵从性则确保产品符合所有相关法律和标准。这些要点是确保产品设计成功的关键因素。

2）智能产品系统设计的开发难点

智能产品系统设计的开发难点涉及技术整合的复杂性、用户需求的多样性、市场需求的快速变化、数据安全和隐私的挑战、跨平台兼容性以及成本控制。技术整合的复杂性在于将多种技术集成到一个系统中并确保它们协同工作；用户需求的多样性要求设计一个能够满足广泛用户需求的产品；市场需求的快速变化则要求产品设计能够快速适应新的市场需求；数据安全和隐私的挑战随着数据泄露和隐私侵犯事件的增加而变得更加严峻；跨平台兼容性确保产品在不同的操作系统和设备上都能良好运行；成本控制则要求在满足所有功能需求的同时控制产品成本。

3）应对措施

深入了解用户需求和偏好，使用敏捷开发方法快速迭代产品，以适应市场和技术的快速变化；模块化设计方法使产品更容易升级和扩展，通过跨平台测试确保产品在不同的操作系统和设备上都能良好运行；持续学习和创新则可保持产品的创新性；成本效益分析有助于优化项目资源分配和控制成本，同时可以通过合作伙伴获取技术支持和资源共享，以提高产品的竞争力和市场适应性。

1.4　智能产品开发的标准与管理

1. 开发标准与规范

在智能产品系统开发过程中,遵循相关的规范和标准是确保项目成功的关键。国际标准组织如 ISO(国际标准化组织)和 IEC(国际电工委员会)提供了广泛的技术标准和指南,确保系统的安全性、可靠性和兼容性。例如,《质量管理体系标准要求》(ISO 9001:2015)和《电气/电子/可编程电子安全系统的功能安全》(IEC 61508)。行业标准根据具体行业的需求,提供了更为具体的技术规范和最佳实践,如工业自动化领域的《可编程逻辑控制器标准》(IEC 61131)和智能制造领域的《自动化系统与集成　生产运营管理的关键绩效指标(KPI)》(ISO 22400)。国家标准如《信息安全技术　网络安全等级保护基本要求》(GB/T 22239—2019)和《软件产品质量要求和评价方法》(GB/T 25000.51—2022),也在智能产品系统开发中起到了重要作用。企业内部标准根据企业自身的需求和特点,制定了适合的内部规范和流程,确保项目的统一性和可控性。这些标准通常包括开发流程、代码规范和测试标准等。通过遵循这些规范和标准,企业可以确保智能产品系统开发的质量和效率。表 1-2 列举了一些常见标准。

表 1-2　常见标准

类　　别	常　见　标　准
国际标准	(1) ISO(国际标准化组织):ISO 提供了广泛的技术标准和指南,确保系统的安全性、可靠性和兼容性。例如,ISO 9001 质量管理体系标准和 ISO 27001 信息安全管理体系标准。 (2) IEC(国际电工委员会):IEC 标准涵盖了电气、电子和相关技术领域,如 IEC 61508《电气/电子/可编程电子安全系统的功能安全》和 IEC 61131《可编程逻辑控制器标准》
国家标准	中国国家标准(GB):如《信息安全技术　网络安全等级保护基本要求》(GB/T 22239—2019)和《软件产品质量要求和评价方法》(GB/T 25000.51—2022)
行业标准	(1) 工业自动化:IEC 61131 标准规范了可编程逻辑控制器(PLC)的编程语言和功能模块。 (2) 智能制造:ISO 22400 标准提供了制造执行系统(MES)的关键性能指标(KPI)和评估方法。 (3) 物联网:IEEE 802.15.4 标准规范了低速无线个人区域网络(LR-WPAN)的通信协议
企业内部标准	企业根据自身需求和特点,制定适合的内部规范和流程,确保项目的统一性和可控性。这些标准通常包括开发流程、代码规范、测试标准等

2. 开发过程中涉及的管理手段

在智能产品系统的开发过程中,管理手段是确保项目按计划进行的重要工具。项目管理方法如敏捷开发(图 1-2)和瀑布模型(图 1-3)可以帮助团队有效地规划和执行项目。版本控制系统(如 Git)可以帮助团队管理代码和文档的版本,确保团队成员之间的协作和同步。此外,质量管理体系标准(如 ISO 9001)可以帮助企业建立和维护高质量的开发流程,确保产品的质量和一致性。风险管理方法(如风险评估和应对策略)可以帮助团队识别和应对项目中的潜在风险,确保项目的顺利进行。

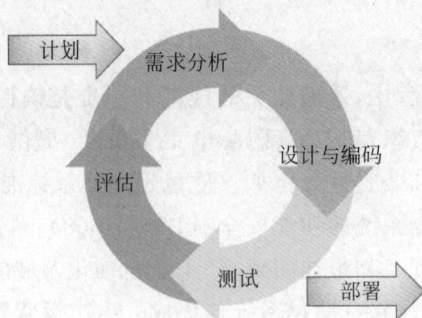

图 1-2　敏捷开发

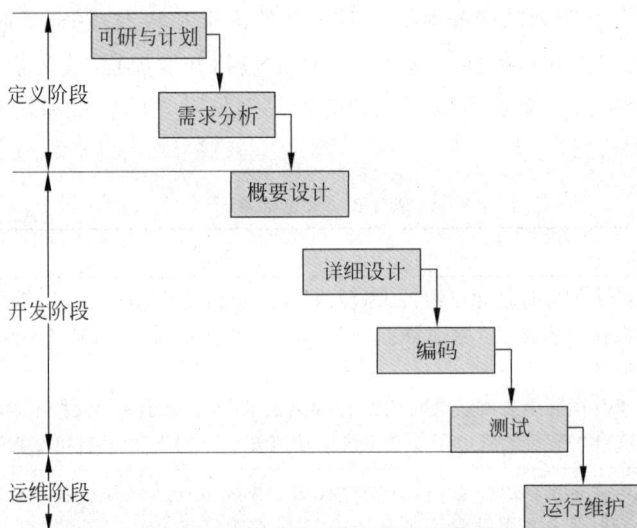

图 1-3　瀑布模型

为了保障产品按质量按计划进行,一方面需要建立健全的规范管理体系,确保所有团队成员都了解并遵循相关的标准和规范;同时需要定期进行内部审核和评估,确保开发过程符合规范要求。另一方面利用项目管理工具和方法,如甘特图和关键路径法等手段,规划和监控项目进度,并且建立质量控制和保证体系,通过定期的测试和评审,确保产品质量符合要求。

1.5　智能产品开发平台介绍

智能产品系统设计中所使用的开发平台及其内容如表 1-3 所示。

表 1-3　开发平台及其内容

开发平台	内　　容
硬件开发平台	硬件开发平台用于开发智能产品的硬件部分,包括芯片、模块、外围设备等。硬件开发平台提供硬件开发所需的工具、软件、库、固件等。常用的硬件开发平台如下。 • 开发板:开发板是用于快速开发和验证硬件设计的平台。常用的开发板包括 Arduino、树莓派、Orange Pi 等。 • 集成开发环境(IDE):IDE 是用于编程和调试硬件的软件。常用的 IDE 包括 Visual Studio、Keil、IAR 等
软件开发平台	软件开发平台提供软件开发所需的编译器、调试器、IDE 等。常用的软件开发平台如下。 • 操作系统:操作系统是智能产品的核心软件,负责管理硬件资源和提供应用程序运行环境。常用的操作系统包括 Linux、Android、iOS 等。 • 应用程序开发框架:应用程序开发框架提供了开发应用程序的必要功能和工具。常用的应用程序开发框架包括 Android Studio、Xcode、Qt 等
云平台	云平台提供云计算、云存储等服务,可以帮助开发者快速搭建智能产品的云端服务。常用的云平台包括华为云、阿里云、腾讯云等

1. 飞腾派简介

国产化不仅是提升国家信息技术水平的关键,也是保障国家安全的需要。飞腾派是基于飞腾定制芯片的国产化开源硬件开发平台,搭载了飞腾自主研发的高能效异构多核处理器。如图 1-4 所示,主板处理器采用飞腾派定制芯片,飞腾派定制芯片是基于飞腾腾珑 E2000Q 处理器的定制版本,该处理器兼容 ARM V8 指令集,包含 2 个 FTC664 核和 2 个 FTC310 核,其中 FTC664 核主频可达 2GHz,FTC310 核主频可达 1.5GHz。主板内置 2~4GB DDR4 内存,支持 SD 或者 eMMC 外部存储。主板板载 Wi-Fi 蓝牙,内置陶瓷天线,可快速连接无线通信。另外,还集成了大量外设接口,包括双路千兆以太网、USB、UART、CAN、HDMI、音频等接口,集成一路 mini-PCIe 接口,可实现 AI 加速卡与 4G 通信等多种功能模块的扩展,具体规格如表 1-4 所示。操作系统默认 Ubuntu 系统,可支持 Linux、Debian、Yocto 等开源操作系统,此外还将全面支持麒麟 OpenKylin、翼辉 SylixOS、开源鸿蒙 OpenHarmony、统信、RT-Thread 等国产操作系统。

表 1-4　飞腾派规格

功　　能	描　　述
CPU	ARM V8 架构,$2\times$FTC664@1.8GHz$+2\times$FTC310@1.5GHz
内存	2GB、4GB 版本,64 位 DDR4
存储	支持 micro SD 和 EMMC 启动,二选一
网络	$2\times$千兆以太网(RJ-45)
USB	$1\times$USB 3.0 host,$3\times$USB 2.0 host
PCIe	$1\times$mini-PCIe,支持 4GB、AI 等模组
蓝牙	板载蓝牙 BT4.2/BLE4.2
Wi-Fi	板载 2.4GB$+$5GB 双频 Wi-Fi
4G/5G	可通过 mini-PCIe 扩展实现
AI 加速	可通过 mini-PCIe 扩展实现

续表

功　能	描　述
显示	1×HDMI,最高支持分辨率 1920×1080px
视频解码	2K30p(H.264/265)|1080p60
音频	3.5mm 耳机口音频输出
UART	1×调试串口+2×MIO(多功能 I/O 口,可配置为 UART 模式)
I²C	2+2×MIO(多功能 I/O 口,可配置为 I²C 模式)
I²S	1 路
SPI	2 路
CAN	2 路 CAN-FD
GPIO	最多 29 个
供电	12V、3A 直流电源
工作温度	0～50℃

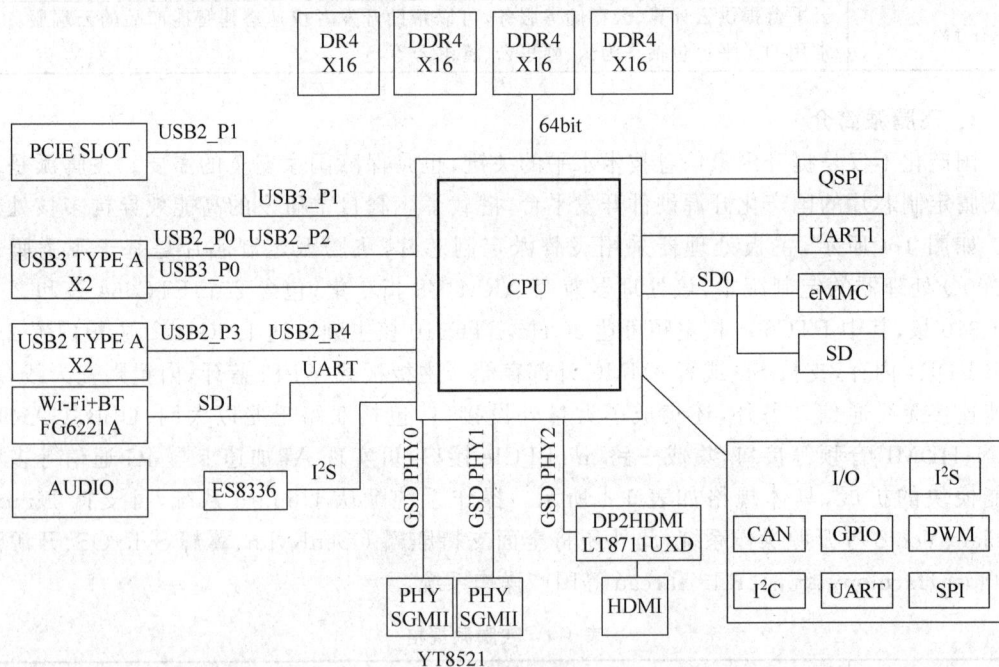

图 1-4　飞腾派系统框图

2. 使用飞腾派进行智能产品系统设计

飞腾派的推出是国产处理器在智能产品开源硬件领域的重要进展,展现了国产软硬件生态建设方面的新突破。飞腾派的全开源特性包括硬件设计和软件资源的开放,这不仅促进了技术的共享和创新,还降低了开发者的进入门槛。如图 1-5 所示,飞腾派的模块化设计和丰富的接口使其能够灵活地应用于不同的场景和需求,如教育教学、人工智能、自动化控制等。

飞腾派作为一款高性能的嵌入式开发平台,开发者使用它可以快速构建高性能的智能产品系统,满足如工业控制领域的各种需求。开发人员根据需求设计硬件电路,选择合适的传感器和执行器等外设,使用飞腾派提供的开发工具和软件工具开发包(SDK)进行软件开

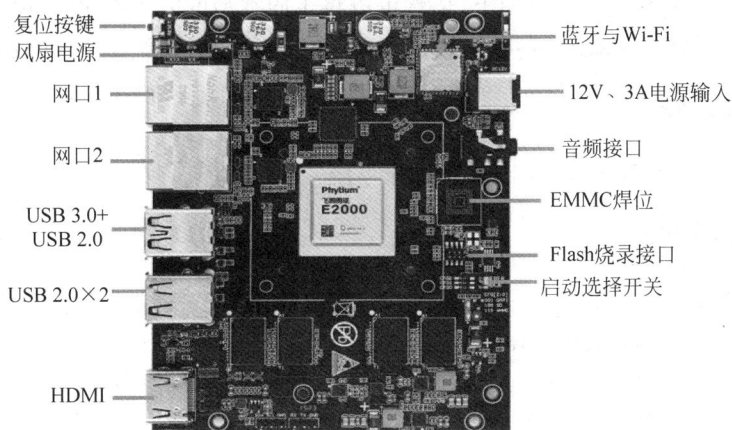

(a) 顶层

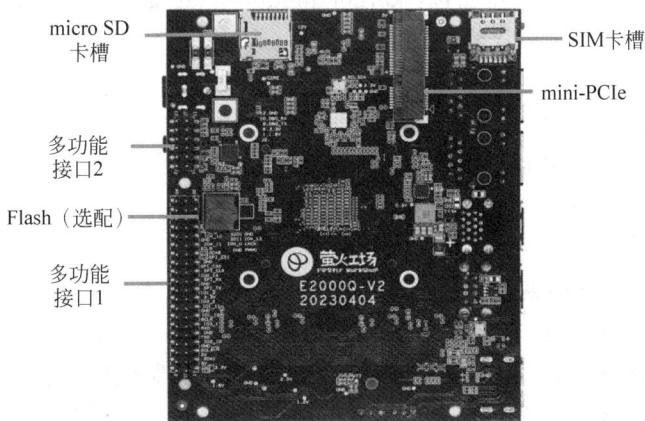

(b) 底层

图 1-5　飞腾派板卡布局

发,然后将硬件和软件集成,开发系统原型,进行初步测试和验证。接着将飞腾派与其他子系统集成,进行整体测试和优化。

1.6　工程训练：基于飞腾派适配 Intewell 操作系统

1.6.1　工程训练目标

掌握在飞腾派上适配 Intewell RTOS Extension 构型操作系统的方法。

1.6.2　预习内容

实时扩展构型允许在同一台目标机上同时运行一个通用操作系统(GPOS)和一个或多个实时操作系统,此处的 GPOS 是 Linux 的实时扩展,简称 Intewell-Lin。Intewell-Lin 系统基于多核处理器,实现 Linux 应用和实时应用的并行运行,且 Linux 系统和实时系统安全隔离,既兼容 Linux 的丰富生态,又保证实时系统任务的实时性、确定性。Intewell-Lin 对硬件要求不高,在一些低成本的机型上,依然可以将不同类型的应用程序合并到同一台机器上运行,即使在硬件不具备硬件虚拟化特性下,仍可实现非实时系统跟实时系统共存。

1.6.3 任务功能

在飞腾派上适配 Intewell-Lin 构型操作系统。

1.6.4 训练前准备

1. 软件部分

(1) 烧录工具:Win32DiskImager2.0.1.8.exe。

(2) 串口通信工具:MobaXterm_Personal_23.2.exe。

(3) Linux 系统的镜像文件:xfce_v2.1_4GB_240123.img。

(4) Intewell 内核和库的压缩包:kernel_modules.tar.gz。

2. 硬件设备

(1) TF 存储卡 4GB。

(2) USB 读卡器。

(3) USB 转 TTL 串口调试器。

1.6.5 训练步骤

1. 安装 Linux 非实时系统

飞腾派使用 micro SD 存储卡作为系统存储,系统由 micro SD 存储卡启动,需要将 Linux 镜像文件烧录至 micro SD 存储卡中。SD 系统卡的制作可以在 Linux 环境下进行,也可以在 Windows 环境下进行。下面为 Windows 环境下的操作流程。

(1) 将 micro SD 存储卡插入 USB 读卡器中,再将 USB 读卡器插入开发计算机。

(2) 打开 Win32DiskImager 工具,导入 xfce_v2.1_4GB_240123.img 镜像文件,选择工具界面设备中 USB 读卡器的盘符,然后执行写入操作,等待写入完成,如图 1-6 所示。

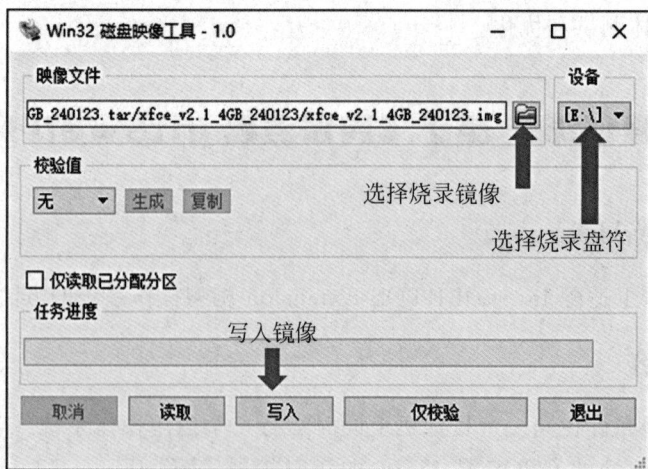

图 1-6 镜像文件烧录

（3）将烧录好 Linux 镜像的 micro SD 存储卡插入飞腾派的 micro SD 卡槽,并确认启动拨码开关状态为 SD 卡启动模式,如图 1-7 和图 1-8 所示。

图 1-7　板卡 micro SD 卡槽说明图

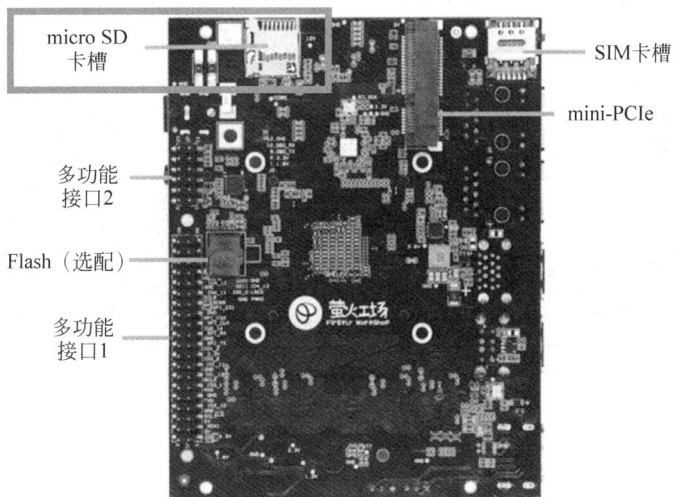

图 1-8　板卡启动拨码开关说明图

2. 安装 Intewell-Lin 实时拓展组件

1）将 Intewell 内核和库的压缩包 kernel_modules. tar. gz 传输到 Linux 系统中

可通过网络 ssh 连接或 U 盘存储方式实现,下面流程为 U 盘存储方式。

（1）选择 fat32 或者 ext4 格式的 U 盘,PC 端复制 kernel_modules. tar. gz 到 U 盘。

（2）把 U 盘插入飞腾派板卡的 USB 口,然后挂载 U 盘,把 kernel_modules. tar. gz 文件复制到板卡根文件系统的/home 目录下（其他的目录下也可以）。

2）解压 Intewell 内核和库的压缩包 kernel_modules. tar. gz

执行解压命令：tar -xf kernel_modules. tar. gz,解压后是 boot 和 lib 两个目录。

3）替换内核文件（注意：根据个人解压路径调整）

```
cp - r boot/Image /boot
cp - r boot/phytium - pi - board - intewell.dtb /boot
cp - r lib/modules/ * /lib/modules/
rm - r lib/modules/rtw88
cp - r lib/modules/5.10.153 - phytium - embeded - v2.0/kernel/drivers/net/wireless/realtek/
rtw88/ /lib/modules/sync
```

3. 配置 U-Boot 环境变量

1）DEBUG 调试口连接

（1）使用 USB 转 TTL 模块的 USB 端接 PC，USB 转 TTL 模块的 USB 端接到飞腾派 J2 的引脚上，TTL 引脚说明如图 1-9 所示。

GND　RXD　TXD

图 1-9　TTL 串口引脚说明图

（2）使用 MobaXterm_Personal_23.2 工具打开串口，设置串口参数：波特率为 115200b/s，数据位为 8，奇偶校验位为 None，停止位为 1。

2）进入 U-Boot 操作

（1）板卡上电后，在串口工具打开的串口命令行中输入 ctrl+c，进入 U-Boot 密码行（若设置了密码，则后续操作需输入密码；若未设置，则可直接进行命令操作）。

（2）在 U-Boot 的命令行中执行以下指令设置启动参数和环境变量。

```
setenv bootcmd ext4load mmc 0 0x90100000 boot/Image\;ext4load mmc 0 0x90000000 boot/phytium-
pi-board-intewell.dtb\;booti 0x90100000 -:- 0x90000000'
setenv ft_fdt_name boot/phytium-pi-board-intewell.dtb
saveenv
```

4. 安装 Intewell RTRE 组件与绑定网桥

绑定网桥目的在于将 eth0 作为 Intewell 操作系统的管理口，如图 1-10 所示。

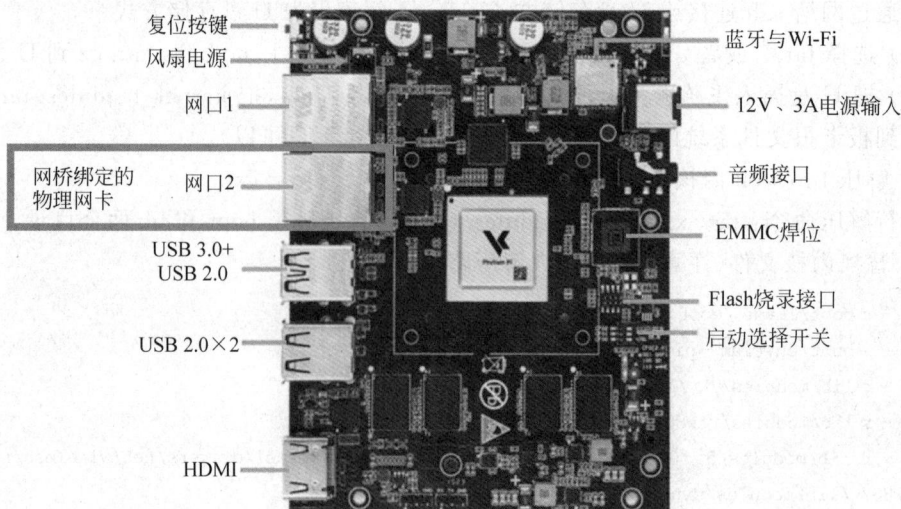

复位按键　风扇电源　网口1　网桥绑定的物理网卡　网口2　USB 3.0+ USB 2.0　USB 2.0×2　HDMI　蓝牙与Wi-Fi　12V、3A电源输入　音频接口　EMMC焊位　Flash烧录接口　启动选择开关

图 1-10　网桥绑定示意图

在 shell 中执行如下命令,完成 Intewell RTRE 组件的安装与网桥的绑定。

```
./Intewell_Install.sh                       //安装 Intewell RTRE 组件
rt brcfg br0 192.168.1.100 - if eth0        //绑定网桥
```

5. Intewell RTRE 常用操作

(1)实时操作系统状态查询。

```
rt status
```

(2)实时操作系统启动。

```
rt start
```

(3)实时操作系统停止。

```
rt stop
```

(4)实时系统自启动状态查询。

```
rt autostart
```

(5)查看命令集。

```
rt help
```

1.6.6 总结与反思

总结在飞腾派上安装 Intewell-Lin 实时拓展架构操作系统的完整流程。

反思训练过程中存在的不足与改进思路。

本 章 小 结

本章介绍了智能产品设计与开发的基础知识,包括智能产品的概述、开发流程、基于飞腾派的开发平台以及使用 Intewell 作为操作系统的相关内容。首先,详细阐述智能产品的定义、特点及其在现代生活中的应用和影响,帮助读者理解智能产品的市场趋势与发展前景。其次,分步骤解析智能产品的开发流程,包括产品的需求分析、市场调研、设计与原型制作、硬件与软件的集成开发、测试与优化以及产品发布与维护。最后,介绍飞腾派开发平台的硬件架构与 Intewell 操作系统的特点,指导读者搭建与配置开发环境,通过实际案例帮助读者掌握基于 Intewell 的开发实践。

这些内容能使读者更好地掌握智能产品开发的核心技术和方法,为后续章节的深入学习打下坚实的基础。

思 考 题

一、填空题

1. 智能产品通常通过内置的_____、网络连接和软件实现自动化、远程控制或者智能化交互。

2. 在智能产品开发流程中,首先进行的是_____。

3. 飞腾派是基于飞腾腾珑 E2000Q 处理器的定制版本的国产化开源_____。

4. 常见的通信模块包括 Wi-Fi、蓝牙、_____、LoRa 等。

5. ISO 9001 是_____标准。

二、选择题

1. (　　)不是智能产品常用的系统。

　　A. 嵌入式系统　　　　　　　　　B. Linux 系统

　　C. iOS 系统　　　　　　　　　　D. Windows 系统

2. (　　)不属于智能产品的主要功能模块。

　　A. 传感器　　　　B. 控制器　　　　C. 显示器　　　　D. 通信模块

3. 在智能产品系统设计的开发难点中,不包括(　　)。

　　A. 需求不明确　　　　　　　　　B. 技术复杂性低

　　C. 系统集成　　　　　　　　　　D. 成本控制

4. 飞腾派主板处理器的主频最高可达(　　)GHz。

　　A. 1.5　　　　　B. 2　　　　　C. 2.5　　　　　D. 3

5. (　　)不是智能产品开发过程中涉及的管理手段。

　　A. 瀑布模型　　　　B. 敏捷开发　　　　C. 精益开发　　　　D. 螺旋模型

三、判断题

1. 智能产品的种类日益多样化,几乎每个领域都能看到智能化的身影。(　　　)

2. Android 系统是由 Google 开发的移动操作系统,主要用于智能手机和平板电脑。(　　)

3. 飞腾派只能使用飞腾自主研发的操作系统。(　　　)

4. 在智能产品开发流程中,原型测试不是必需的步骤。(　　　)

5. ISO 9001 是功能安全标准。(　　)

四、问答题

1. 请简述智能产品的定义及其在现代生活中的应用。

2. 智能产品开发的流程包括哪些主要步骤?

3. 飞腾派开发平台具有哪些主要特点?

4. 在智能产品系统设计中,如何确保系统的数据安全?

5. 请列举并解释智能产品系统设计中需要考虑的几个关键要素。

6. Intewell 操作系统在智能产品中的应用有哪些优势?

## 第 2 章

嵌入式操作系统应用基础

【知识目标】

掌握嵌入式操作系统的定义及其在嵌入式系统中的作用。了解嵌入式操作系统的组成,包括底层驱动软件、系统内核、设备驱动接口、通信协议、图形界面等。理解嵌入式操作系统的可装卸性、强实时性、统一接口、操作简便性、网络功能、稳定性、弱交互性、固化代码及硬件适应性等特点;了解信号量、消息队列、任务管理、事件管理、定时器和文件系统等关键术语的定义和工作原理。熟悉 Intewell 操作系统的混合架构及其应用基础;掌握 TTOS (thinking thing operating system)作为嵌入式实时操作系统在 Intewell 虚拟机中的运行及其组件。

【能力目标】

能够根据嵌入式系统的应用需求,选择合适的嵌入式操作系统。熟练掌握嵌入式操作系统的配置、调试和优化技巧;能够利用消息队列、信号量等机制实现任务间的通信和同步;能够设计和实现基于事件管理的嵌入式系统,以响应外部信号和状态变化;能够创建、调度和管理嵌入式系统中的任务;能够捕获和处理各种事件,确保系统的实时响应和高效运行;能够配置和使用定时器实现计时、延时、周期性任务调度和电源管理等功能。

【素质目标】

培养创新意识和问题解决能力,能够独立分析和解决嵌入式操作系统应用中的实际问题;树立安全意识与保障信息安全,了解嵌入式系统中的安全技术和措施,确保信息安全;形成自主学习和持续学习的习惯,能够紧跟嵌入式操作系统技术的发展步伐,不断更新自己的知识体系,能够主动学习和掌握新的嵌入式操作系统技术和工具,以适应行业的持续发展需求。

2.1 嵌入式操作系统的基础知识

2.1.1 基本概念

嵌入式操作系统(embedded operating system,EOS)是指用于嵌入式系统的操作系统。嵌入式操作系统是一种用途广泛的系统软件,通常包括与硬件相关的底层驱动软件、系统内核、设备驱动接口、通信协议、图形界面、标准化浏览器等。嵌入式操作系统负责嵌入式系统的全部软硬件资源的分配、任务调度，控制、协调并发活动。它必须体现其所在系统的特征，能够通过装卸某些模块达到系统所要求的功能。在嵌入式领域广泛使用的操作系统有嵌入式实时操作系统 μC/OS-Ⅱ、嵌入式 Linux、Windows Embedded、VxWorks、Intewell操作系统等，以及应用在智能手机和平板电脑的 Android、iOS、华为鸿蒙等。

2.1.2　性能与特点

嵌入式系统通常是以应用为中心，以计算机技术为基础，软硬件可裁剪，适应应用系统对功能、可靠性、成本、体积、功耗有严格要求的专用计算机系统。其特点如下。

（1）可装卸性：嵌入式操作系统能够根据需要装卸某些模块，以达到系统所要求的功能。

（2）强实时性：嵌入式系统对实时性要求很高，必须能够在规定的时间内完成特定任务。

（3）统一的接口：提供统一的接口，方便开发者进行系统开发。

（4）操作方便、简单：嵌入式操作系统通常具有直观、易用的操作界面。

（5）强大的网络功能：支持多种网络通信协议，便于设备间的信息交换。

（6）强稳定性：嵌入式系统需要长时间稳定运行，因此操作系统必须具备高稳定性。

（7）弱交互性：相对于通用操作系统，嵌入式系统的交互性较弱，主要面向特定任务。

（8）固化代码：嵌入式系统的软件通常固化在存储设备中，不易更改。

（9）更好的硬件适应性：嵌入式操作系统与硬件结合紧密，能够充分利用硬件资源。

2.1.3　基本术语

1. 信号量

在嵌入式操作系统中，信号量（semaphore）是一种常用的同步机制，用于控制多个线程或任务对共享资源的访问。

1）基本概念

信号量可以视为一个带有计数器的锁，用于协调多个任务或线程之间的执行顺序，确保它们能够有序地访问共享资源。通过信号量，可以避免竞态条件（race condition）的发生，即多个任务或线程同时修改同一数据而导致的数据不一致问题。

2）类型

信号量通常分为以下几种类型。

（1）二进制信号量（binary semaphore）。

二进制信号量也称为互斥信号量（mutex semaphore），它只允许信号量取 0 或 1 值，表示资源是否可用。当信号量为 1 时，表示资源可用，任务可以获取信号量并访问资源；当信号量为 0 时，表示资源已被占用，任务需要等待。

（2）计数信号量（counting semaphore）。

计数信号量的值可以是任意非负整数，表示可用资源的数量。当有多个资源可供使用时，允许多个任务同时获取信号量并访问资源。当所有资源都被占用时，后续的任务将等待信号量变为可用状态。

2. 消息队列

嵌入式操作系统中的消息队列是一种重要的任务间通信机制,它允许任务(或线程)以异步的方式交换数据和信息。

1)定义与特点

消息队列是一种先进先出(first-in first-out,FIFO)的数据结构,用于存储和传递消息。在嵌入式操作系统中,消息队列提供了一种简单有效的方式来实现任务间的通信和同步。任务可以将消息发送到队列中,而其他任务可以从队列中接收并处理这些消息。

2)工作机制

(1)生产者-消费者模型。

① 生产者:发送消息到队列的任务或中断服务例程(interrupt service routine,ISR)。

② 消费者:从队列中接收消息并处理的任务。

(2)消息格式。

每个消息通常具有固定的格式和大小,包括消息头和消息体。消息头可能包含消息的标识符、优先级、时间戳等信息,而消息体则包含实际的数据内容。

(3)队列管理。

消息队列由嵌入式操作系统的内核管理,提供一系列应用程序编程接口(applications programming interface,API)供应用程序使用。这些 API 包括创建队列、发送消息、接收消息、删除队列等。队列的大小和容量可以根据应用程序的需求进行配置。队列的大小决定了它能够存储的消息数量,而容量则与队列所使用的内存空间相关。

3)应用场景

(1)任务间通信。

在多任务环境中,消息队列是实现任务间通信和同步的有效手段。任务可以通过发送和接收消息来交换数据和信息,从而实现协作和协调。

(2)中断处理。

当中断发生时,ISR 可以将相关的中断信息封装成消息发送到消息队列中。主任务或相应的处理任务可以从队列中接收这些消息,并根据中断信息执行相应的处理操作。

(3)异步事件处理。

消息队列也常用于处理异步事件,如网络数据到达、定时器超时等。当这些事件发生时,可以将事件信息封装成消息发送到队列中,并由相应的处理任务进行异步处理。

4)实现方式

在嵌入式操作系统中,消息队列的实现方式通常基于环形缓冲区或链表等数据结构。这些数据结构具有高效的空间利用率和灵活的内存管理能力,能够满足嵌入式系统对实时性和资源效率的要求。

(1)环形缓冲区。

环形缓冲区是一种循环使用的内存区域,通过两个指针(头指针和尾指针)来管理队列的读/写操作。当队列满时,新消息将覆盖旧消息;当队列空时,无消息可供读取。

(2)链表。

链表是一种动态分配内存的数据结构,每个节点包含数据和指向下一个节点的指针。在消息队列中,每个节点可以表示一个消息,通过链表的方式实现消息的存储和传递。

5) 优势与劣势

(1) 优势。

① 解耦：消息队列解耦了任务的执行和数据的交换,使任务之间的依赖关系更加清晰和简单。

② 灵活性：消息队列支持异步通信和并发处理,提高了系统的灵活性和响应速度。

③ 可靠性：消息队列可以保证消息的可靠传递和顺序处理,减少了数据丢失和错误的风险。

(2) 劣势。

① 资源消耗：消息队列的实现和管理需要消耗一定的系统资源(如内存和 CPU 时间)。

② 复杂性：在复杂的系统中,消息队列的维护和管理可能变得复杂和困难。

3. 任务管理

嵌入式操作系统中的任务管理是其最基本且核心的功能之一,它涉及任务的创建、调度、同步、互斥、通信以及状态管理等多个方面。

1) 任务的定义与特性

(1) 任务的定义。

在嵌入式操作系统中,任务(task)是系统调度的最小单位,类似于一般操作系统中的进程或线程的概念。任务是运行中的一个程序,当程序加载到内存后就成为任务。任务=程序+执行。

(2) 任务的特性。

① 动态性：任务的状态是不断变化的,如从就绪态到运行态,再到阻塞态等。

② 独立性：每个任务都是一个独立的实体,拥有自己的运行上下文和内部状态。

③ 并发性：在系统中,多个任务可以同时存在并运行,虽然实际上在单 CPU 系统中,每个时刻只有一个任务在运行,但从宏观上看,多个任务是并发执行的。

2) 任务状态及转换

在嵌入式操作系统中,任务的工作状态通常分为以下几种。

(1) 执行态(running)：任务占有 CPU,并在 CPU 上运行。

(2) 就绪态(ready)：任务已经具备了运行的条件,但由于 CPU 正忙,暂时不能运行。一旦 CPU 空闲,调度器会从中选择一个任务执行。

(3) 阻塞态(blocked/waiting)：任务因为等待某种事件的发生(如 I/O 操作完成、信号量等)而暂时不能运行。

任务的状态之间可以相互转换,常见的转换关系如下。

(1) 运行→阻塞：任务等待某个事件而被阻塞。

(2) 运行→就绪：由于时间片用完或高优先级任务就绪,当前任务被调度器换出。

(3) 就绪→运行：处于就绪状态的任务被调度器选中执行。

(4) 阻塞→就绪：任务等待的事件发生,任务从阻塞状态变为就绪状态。

3) 任务调度

(1) 调度时机。

任务调度的时机通常如下。

① 当前任务主动放弃 CPU(如任务执行完毕、主动挂起等)。

② 当前任务因为时间片用完而被换出。

③ 有更高优先级的任务就绪。

（2）调度方式。

常见的调度方式如下。

① 抢占式调度：高优先级任务可以抢占低优先级任务的 CPU 使用权。

② 非抢占式调度：任务只有等到当前任务执行完毕或主动放弃 CPU 后，才能获得 CPU 使用权。

（3）调度算法。

常见的调度算法如下。

① 先来先服务（FCFS）：按照任务到达的先后顺序进行调度。

② 短作业优先（SJF）：优先调度执行时间短的任务。

③ 时间片轮转（RR）：将 CPU 时间划分成时间片，轮流分配给每个任务。

④ 优先级调度：根据任务的优先级进行调度，高优先级任务优先执行。

4）任务同步与互斥

（1）任务同步。

任务同步是指协调不同任务之间的执行顺序，确保它们按照预定的顺序进行。常见的同步机制包括信号量、事件等。

（2）任务互斥。

任务互斥是指防止多个任务同时访问共享资源而导致的数据不一致问题。常见的互斥机制包括互斥锁、信号量等。

5）任务管理机制

嵌入式操作系统通常通过任务控制块（task control block，TCB）管理任务。TCB 是操作系统用来描述和管理任务的数据结构，包含了任务的标识、状态、优先级、调度信息、CPU 上下文信息、资源管理信息等。

系统通过维护 TCB 跟踪任务的状态和相关信息，并根据需要进行任务的调度和管理。此外，系统还可能提供一系列的任务管理 API，如任务创建、删除、挂起、恢复等，以方便开发人员对任务进行管理。

4. 事件管理

嵌入式操作系统中的事件管理是实现系统实时响应和高效运行的关键机制之一。它主要涉及事件的捕获、处理、同步以及相关的资源管理。

1）事件定义与类型

在嵌入式系统中，事件是指发生的一系列外部信号、状态变化或特定条件的组合。这些事件可以是用户操作（如按键按下）、传感器检测（如温度变化）、定时器超时、网络数据到达等。根据事件的来源和性质，可以将事件分为多种类型，如中断事件、消息事件、信号量事件等。

2）事件捕获与处理

（1）中断处理。

中断是嵌入式系统中最基本的事件处理方式之一。当外部事件发生时（如按键按下、定时器到达、外部信号变化），处理器会立即停止正在执行的任务，转而执行 ISR。ISR 是预先定义好的处理函数，用于处理特定事件。处理完 ISR 后，处理器会回到原来的任务继续执行。中断处理具有实时性高、响应速度快的特点,特别适用于需要立即响应的场合。

（2）消息处理。

在基于消息传递的嵌入式系统中,事件通常以消息的形式存在。系统通过消息队列等机制传递消息,任务通过接收消息感知事件的发生,并执行相应的处理动作。消息处理具有灵活性和可扩展性强的特点,适用于复杂的系统结构和多任务协作的场景。

（3）信号量处理。

信号量是一种用于任务同步和互斥的机制。在嵌入式系统中,信号量可以用来表示某个事件的发生或资源的可用性。任务可以通过等待信号量同步执行,或者通过发送信号量通知其他任务事件的发生。信号量处理具有简洁明了、易于实现的特点,特别适用于需要精确控制任务执行顺序和资源访问权限的场合。

3）事件同步与通信

嵌入式系统中的任务之间需要进行同步和通信以协调各自的执行。事件同步是指通过事件协调不同任务之间的执行顺序和时序关系;事件通信则是指通过事件传递任务之间的数据和信息。为了实现事件同步和通信,嵌入式操作系统通常提供了一系列的事件管理机制和 API,如信号量、消息队列、事件标志组等。

4）事件管理的实现机制

（1）信号量。

信号量是一种用于任务同步和互斥的计数器。在嵌入式系统中,信号量通常用于表示某个事件的发生或资源的可用性。任务可以通过等待信号量同步执行,或者通过发送信号量通知其他任务事件的发生。信号量的实现通常包括信号量的创建、等待（挂起）、发送（唤醒）和删除等操作。

（2）消息队列。

消息队列是一种用于任务间通信的数据结构。在嵌入式系统中,消息队列通常用于传递任务之间的数据和信息。任务可以将消息发送到消息队列中,其他任务可以从消息队列中接收消息。消息队列的实现通常包括消息队列的创建、发送、接收和删除等操作。

（3）事件标志组。

事件标志组是一种特殊的数据结构,用于管理多个事件的同步和通信。在嵌入式系统中,事件标志组可以表示多个事件的发生状态,任务可以通过检查事件标志组的状态感知多个事件的发生情况,并执行相应的处理动作。事件标志组的实现通常包括事件标志组的创建、等待（挂起）、发送（置位/复位）和删除等操作。

5）事件管理的注意事项

（1）实时性要求。

嵌入式系统通常对事件的实时响应有严格的要求。因此,在选择事件处理机制时,需要考虑其响应速度和实时性性能。

（2）优先级管理。

不同的事件可能具有不同的优先级。在处理事件时,需要根据事件的优先级合理分配系统资源,确保高优先级事件能够得到及时响应和处理。

（3）资源共享与保护。

在嵌入式系统中，多个任务可能共享某些资源（如内存、I/O 设备等）。为了避免资源冲突和数据不一致等问题，需要对共享资源进行合理的保护和管理。

（4）节能优化。

事件处理的过程可能会消耗大量的处理器资源。为了降低功耗和延长设备的使用寿命，需要考虑节能优化和功耗管理等问题。例如，可以通过睡眠模式降低处理器的功耗；在不需要时关闭不必要的硬件设备等。

5．定时器

嵌入式操作系统中的定时器是一种关键的外设，用于产生精确的时间间隔、延时和定时等功能，广泛应用于计时、周期性任务调度、电源管理、唤醒等场景。

1）定时器的基本工作原理

定时器本质上是一个计数器，它根据输入的时钟脉冲进行计数。当计数值达到某个预设值时，定时器会产生一个中断或触发某个事件，从而执行相应的操作。定时器的计数周期和计数范围由其位数决定，常见的定时器有 8 位、16 位和 32 位等。

2）定时器的功能

（1）计时功能。

定时器可以用来实现延时操作，例如等待外部设备的稳定、等待数据的接收等；也可以用来定时执行一些任务，如周期性任务、定时采集数据等。

（2）计数功能。

定时器可以用来实现计数功能，例如计数外部事件的次数、计算脉冲信号的频率等。

（3）PWM 输出。

某些定时器还具有 PWM（脉冲宽度调制）输出功能，通过调节占空比可以实现各种功能，如 LED 调光、舵机控制等。

（4）中断控制。

定时器通常具有中断功能，可以在计数器计数到一定值时触发中断，以实现各种复杂的功能。

3）定时器的分类

嵌入式系统中的定时器可以根据不同的标准进行分类，常见的分类方式如下。

（1）按位数分类。

① 8 位定时器：计数范围较小，适用于简单的定时和计数需求。

② 16 位定时器：计数范围较大，适用于需要较长时间间隔的定时和计数任务。

③ 32 位定时器：计数范围最大，适用于高精度和高可靠性的定时和计数任务。

（2）按功能分类。

① 通用定时器：具有基本的定时和计数功能，适用于大多数应用场景。

② 高级定时器：除了基本的定时和计数功能外，还具有额外的功能，如 PWM 输出、死区控制等，适用于需要复杂控制的应用场景。

③ 特殊定时器：如看门狗定时器（watchdog timer），用于监控系统的运行状态，防止系统进入死循环或崩溃状态。

4）定时器的工作模式

定时器通常具有多种工作模式，以适应不同的应用场景。常见的工作模式如下。

（1）自由运行模式。

在该模式下，定时器从 0 开始计数，直到达到最大值后溢出并重新从 0 开始计数。

（2）重装载模式。

在该模式下，定时器从 0 开始计数，达到预设值后溢出并重新从 0 或预设值开始计数。这种模式允许用户根据需要设置定时器的计数范围。

（3）正计数/倒计数模式。

在该模式下，定时器可以先向上计数到预设值后再向下计数到 0，或者根据需要设置其他计数方向。这种模式提供了更灵活的定时和计数能力。

5）定时器的应用

定时器在嵌入式系统中有着广泛的应用，包括但不限于以下几个方面。

（1）计时和延时。

实现各种定时和延时操作，如等待外部设备的响应、控制 LED 灯的闪烁频率等。

（2）周期性任务调度。

在嵌入式系统中，许多任务需要周期性地执行，如数据采集、状态检查等。定时器可以用于触发这些任务的执行，确保它们能够按照预定的时间间隔运行。

（3）电源管理。

在电池供电的嵌入式系统中，功耗是一个重要的考虑因素。定时器可以用于实现电源管理策略，如进入睡眠模式、定时唤醒等，以延长电池寿命。

（4）PWM 输出。

利用定时器的 PWM 输出功能，可以实现 LED 调光、舵机控制等应用，提高系统的灵活性和控制能力。

（5）异常检测和复位。

看门狗定时器可以用于监控系统的运行状态，一旦检测到系统进入死循环或崩溃状态，可以触发复位操作，确保系统的稳定性和可靠性。

6. 文件系统

嵌入式操作系统的文件操作是嵌入式系统开发中的重要组成部分，它涉及文件的创建、读/写、修改和删除等基本操作。以下是对嵌入式操作系统文件操作的详细解析。

1）文件的概念与类型

在嵌入式系统中，文件是对系统资源的一个抽象，是对系统资源进行访问的一个通用接口，这些资源包括内存、硬盘、一般设备及进程间通信的通道。文件类型通常包括普通文件、目录文件、设备文件、链接文件、管道文件和 socket 等。

2）文件描述符

文件描述符是应用程序中表示被打开文件的一个整数，其他对文件的操作接口都要使用这个整数来指定所操作的文件。文件描述符在文件操作中扮演着重要的角色，它是系统区分不同文件、进行文件操作的关键。

3）系统调用的文件操作

系统调用的文件操作是实现文件操作最直接的方式，主要包括以下几个函数。

（1）open 函数：用于打开或创建文件。它需要指定被打开的文件名（包括路径名）和文件打开方式（如只读、只写、读/写等），并可以指定新文件的权限。成功时返回文件描述符，失败时返回-1。

（2）close 函数：用于关闭文件。它需要指定要关闭文件的文件描述符。成功时返回0，失败时返回-1。

（3）read 函数：用于从指定的文件描述符中读取数据。它需要指定文件描述符、存储内容的内存空间（缓冲区）和读取的字节数。成功时返回实际读取的字节数，失败时返回-1，当读取到文件末尾时返回0。

（4）write 函数：用于向指定的文件描述符中写入数据。它需要指定文件描述符、需要写入内容的内存空间（缓冲区）和写入的字节数。成功时返回实际写入的字节数，失败时返回-1，当写入文件末尾时也可能返回0（这通常表示异常情况）。

（5）ioctl 函数：用于向文件传递控制信息或发出控制命令。这个函数的功能比较灵活，不同的文件和设备有不同的控制命令。

4）库函数的文件操作

与系统调用的文件操作相比，C 标准库提供了文件的标准 I/O 函数库，这些函数基于流缓冲，实现了跨平台的用户态缓冲解决方案。库函数的文件操作主要包括以下几个函数。

（1）fopen 函数：用于打开或创建文件，并返回一个指向 FILE 类型的文件指针。与open 函数不同，fopen 函数操作的是文件指针而不是文件描述符。

（2）fclose 函数：用于关闭文件，并释放与文件指针相关的资源。

（3）fread 函数：用于从文件中读取数据到指定的内存空间（缓冲区）。它基于流缓冲，可以提高 I/O 操作效率。

（4）fwrite 函数：用于将数据写入文件中。它同样基于流缓冲，可以实现高效的数据写入。

此外，C 标准库还提供了 fseek、ftell、rewind 等函数，用于移动文件流的读/写位置、查询文件流当前的读/写位置以及将文件的读/写位置设置在文件开头等操作。

5）嵌入式文件系统的特点

嵌入式文件系统作为嵌入式操作系统的重要组成部分，具有以下特点。

（1）结构紧凑、代码量小：嵌入式系统中的文件存储器空间不大，必须对其进行高效的管理，以避免对资源的浪费。

（2）使用简单便捷：用户只要知道文件名、文件路径等简单信息特征，就可以方便地对文件进行操作。

（3）安全可靠：对文件、数据的保护是文件系统的基本功能。嵌入式系统的应用通常要求系统必须有较高的可靠性。

（4）可移植性：嵌入式文件系统应降低对具体硬件环境和操作系统的依赖，具备良好的可移植性。

2.2 Intewell 操作系统简介

Intewell 操作系统是由科东（广州）软件科技有限公司自主研发的工业级操作系统。系统源自"道"操作系统，采用微内核结构设计，软硬件解耦，具备极高的模块化程度，可根据应用场景需要实现自由裁剪定制；通过虚拟化技术实现虚拟机管理抽象层，对硬件资源抽象以支撑软件定义机器，达到针对业务的实时性、确定性、安全性、可靠性保证，支持不同的实时和非实时混合多样的应用场景。

2.2.1　Intewell 概述

1. 技术背景

Intewell 源于防务领域的"道"系统,已有多年技术积累和批量列装经验,广泛应用于百种装备,装机量超过 5 万套。

Intewell 采用微内核架构,内核功能确定、精简,内核代码在万行量级,保证了系统的高可靠性和高实时性;引入虚拟化技术,支持实时、非实时系统融合,实现多业务融合和软硬件解耦。

2. 技术特性

(1) 自主可控:内核模块源码自主率达 100%。

(2) 安全可靠:微内核架构,驱动、组件都运行在核外;适用于安全关键系统,功能可扩展性较宏内核系统强,产品演进有强大的延续性。

(3) 高实时性能:实时虚拟机中断响应时间达到 μs 级,实时虚拟机切换时间小于 $5\mu s$,实时虚拟机定时器周期达到 $50\mu s$。

(4) 虚拟化技术:支持高达 255 个实时应用,实时和非实时系统相互隔离运行,互不影响。

(5) 内部总线通信机制:通过虚拟内部总线,实现同一设备上多个工业应用之间数据的高速通信。

(6) 开放兼容:支持 Windows/Linux 实时扩展应用。可预装自主工业控制编程平台 MaVIEW、人机监控平台 KySCADA 及 KyGate 协议网关等应用。

(7) 总线支持:集成多种主流工业协议,如 Modbus、Profinet、CANopen、EtherCAT、AUTBUS 等。

(8) 成熟度认证:获得多个关键领域权威测评机构的测评认证,是国内得到装备应用验证最多的操作系统;20 年的关键领域应用,零质量事故。

3. 应用场景

Intewell 作为一款工业嵌入式实时操作系统(RTOS),其应用场景广泛且多样化,主要集中在需要高实时性、高可靠性和自主可控的工业控制领域。

1) 工业自动化与智能制造

在自动化生产线上,Intewell 可用于控制机械臂、自动导向车(AGV)、生产线上的各种传感器和执行器等设备,确保生产过程的精确控制和高效协同。

在智能制造系统中,Intewell 支持实时数据采集、处理和决策,实现生产过程的智能化管理和优化。

2) 汽车电子

在汽车领域,Intewell 可用于车载控制系统中,如发动机控制系统、车身控制系统、底盘控制系统等,确保车辆的安全性和舒适性。它还支持高级驾驶辅助系统(ADAS)和自动驾驶技术的实现,提供实时的数据处理和决策支持。

3) 轨道交通

在轨道交通领域,Intewell 可用于列车控制系统、信号系统、电力监控系统等关键设备中,确保列车的安全运行和高效调度。它能够处理大量的实时数据,提供精确的列车定位和速度控制,以及故障预警和应急处理等功能。

4）航空航天与国防

在航空航天领域,Intewell 可用于飞行控制系统、导航系统、通信系统等核心设备中,确保飞行器的稳定性和安全性。

在国防领域,Intewell 的高可靠性和自主可控性使其成为军事装备控制系统的理想选择。

5）能源与电力

在能源和电力行业,Intewell 可用于智能电网、风电场、光伏电站等系统中,实现能源的高效管理和优化调度。它能够处理复杂的电力数据,提供实时的电网监控和故障诊断功能。

6）机器人与无人系统

在机器人和无人系统领域,Intewell 可用于控制机械臂、无人机、无人车等设备,实现自主导航、目标识别、任务执行等功能。它能够处理高速的传感器数据和执行指令,确保机器人和无人系统的实时响应和精确控制。

7）医疗设备与生物科技

在医疗设备和生物科技领域,Intewell 可用于医疗设备控制系统、生物反应器控制系统中,确保设备的精确控制和稳定运行。

2.2.2 Intewell 的混合架构

Intewell 软件采用开放式结构,具备较高的模块化程度,可根据应用场景的需要进行自由裁剪定制,包括 Intewell RTOS 构型、Intewell Hypervisor 构型和 Intewell RTOS Extension 构型。

1. Intewell RTOS 构型

Intewell RTOS 构型如图 2-1 所示,基于微内核技术,支持用户态和核心态。Intewell TTOS(简称 TTOS)是支持多任务功能的实时运行环境,TTOS 及用户应用运行在用户态,用户可以直接使用 TTOS 提供的功能进行编程。

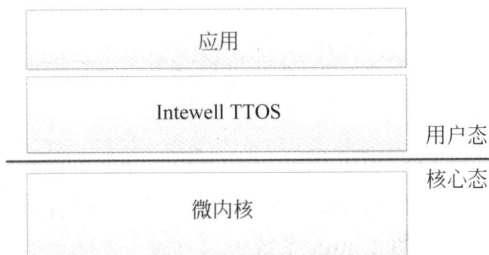

图 2-1　Intewell RTOS 构型

2. Intewell Hypervisor 构型

虚拟化构型采用虚拟化技术,在同一台目标机上同时运行多个客户操作系统(GuestOS),GuestOS 可以是多个非实时操作系统和多个实时操作系统。Intewell 虚拟化根据支持 GuestOS 能力分为 SHV 和 HV 两种构型。SHV 可以支持一个或者多个非实时系统和一个或多个实时系统；HV 可以支持多个实时系统。

SHV 构型如图 2-2 所示。

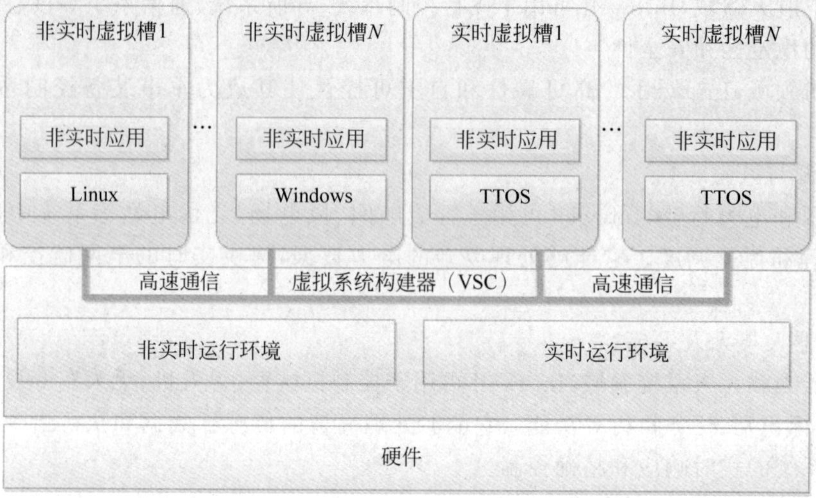

图 2-2　SHV 构型

HV 构型如图 2-3 所示。

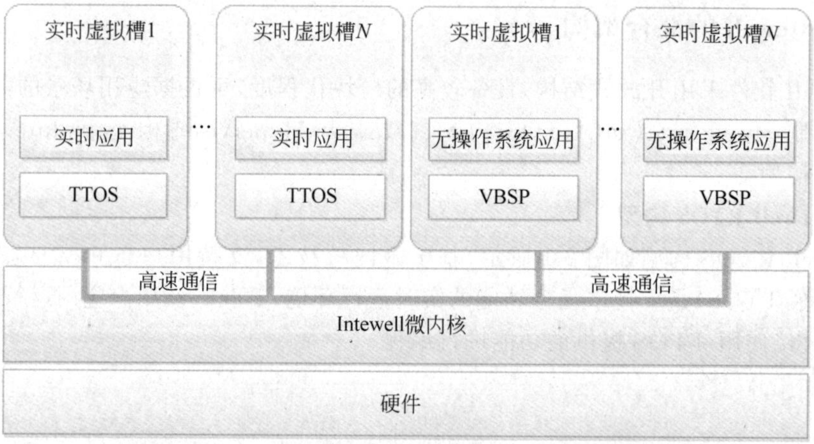

图 2-3　HV 构型

3. Intewell RTOS Extension 构型

实时扩展构型允许在同一台目标机上同时运行一个通用操作系统（GPOS）和一个或多个实时操作系统，GPOS 指常见的 Linux 系统。

Intewell 实时扩展构型根据支持实时系统个数不同，分为 GPOS＋MutiRTOS 和 GPOS＋RTOS 两种构型。GPOS＋RTOS 仅支持一个实时系统，GPOS＋MutiRTOS 可以支持多个实时系统。

GPOS＋RTOS 构型如图 2-4 所示。

GPOS＋MutiRTOS 构型如图 2-5 所示。

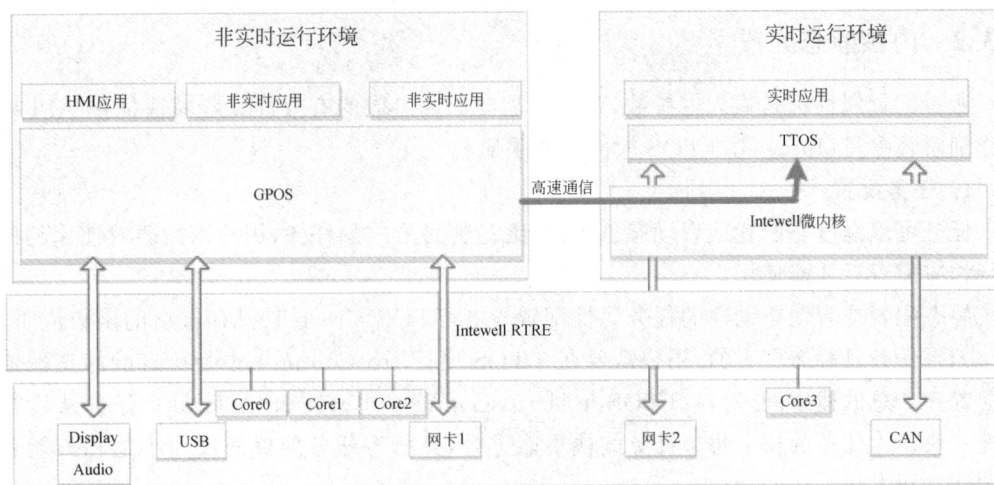

图 2-4　GPOS＋RTOS 构型

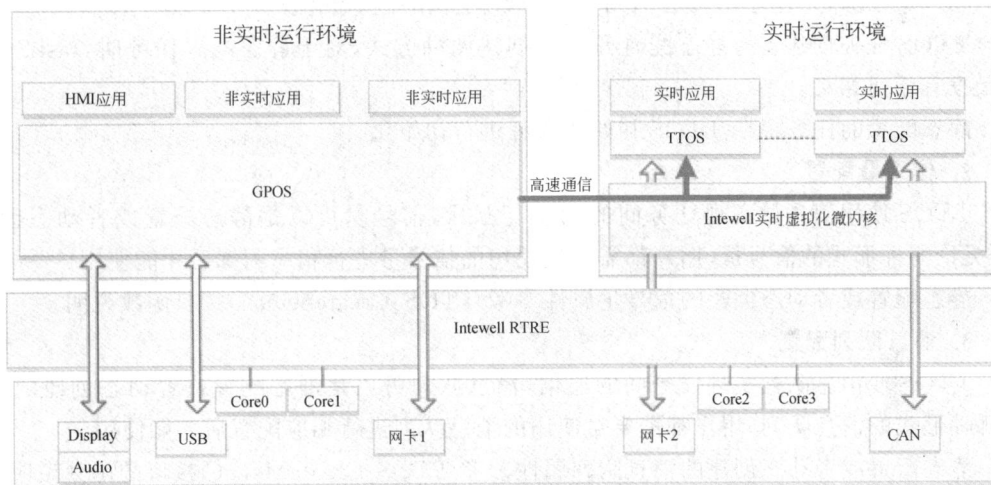

图 2-5　GPOS＋MutiRTOS 构型

2.3　Intewell 应用基础

2.3.1　TTOS 概述

TTOS 是一个嵌入式实时操作系统,运行于 Intewell 的虚拟机(虚拟槽)中,其内容包括操作系统内核、文件系统、网络协议栈、设备管理、C 库及 C++等基本组件。操作系统内核提供多任务管理功能;提供信号量、事件支持任务间的同步与互斥;提供消息队列支持任务间的通信;提供软定时器实现软件看门狗服务;提供异常监控;提供钩子函数对 TTOS 中的关键点进行扩展。用户依据 TTOS 多任务管理软件提供的接口在宿主机上进行多任务软件的开发,Intewell Developer 集成开发环境为 TTOS 软件提供开发和调试等服务。开发完毕,多任务应用依赖 Intewell Developer 从宿主机加载到目标机上运行。

2.3.2　内核静态配置

所有配置属性都是输入性参数，开发者需要保证参数的有效性。各模块提供 API 接口的详细解释参见《Intewell TTOS 软件参考手册》。

1. 任务配置

任务可以是静态配置或者动态创建的，无论哪种形式的任务，用户都需要对使用的任务进行相应配置后才能使用。

静态配置或者动态创建的任务属性配置参考 TTOS_CreateTask()接口的函数说明。

如果任务是静态配置的，用户需要在 TTOS 项目 ttosConfig.c 中为所有的静态配置任务配置一个总的栈空间，对应 TTOS 项目 ttosConfig.c 中 nTaskStack，每个任务从栈空间分配一块作为任务的栈。每个任务的栈不能重叠，且所有任务配置的栈大小之和不能超过总的栈空间大小。

初始化任务必须是静态配置的，是 TTOS 项目 ttosConfig.c 中任务配置表 taskConfig 中的第一个任务，并且优先级是 0，用户的初始化工作在初始化任务中完成。

TTOS 任务创建支持静态配置和动态创建两种方式，对于静态配置任务时，taskStack 变量没有任何意义。

静态配置的任务将在 TTOS 初始化过程进行初始化。

2. 信号量配置

TTOS 使用信号量实现任务间的同步与互斥，信号量可以是静态配置或者动态创建的，无论哪种形式的信号量，用户都需要对使用的信号量进行相应配置后才能使用。

静态配置或者动态创建的信号量属性参考 TTOS_CreateSema()接口函数说明。

3. 消息队列配置

TTOS 使消息队列实现任务间的通信，消息队列可以是静态配置或者动态创建的，无论哪种形式的消息队列，用户都需要对使用的消息队列进行相应配置后才能使用。

静态配置或者动态创建的消息队列属性参考 TTOS_CreateMsgq()接口的函数说明。

4. 定时器配置

TTOS 使用软定时器实现计时功能，定时器可以是静态配置或者动态创建的，无论哪种形式的定时器，用户都需要对使用的定时器进行相应配置后才能使用。

静态配置或者动态创建的定时器属性参考 TTOS_CreateTimer()接口的函数说明。

5. TTOS 全局配置

TTOS 需要进行全局配置来统一管理 TTOS 需要的所有资源。全局配置数据结构如下所示。

```
typedef struct
{
    T_TTOS_ConfigTask * taskConfig;          //静态任务配置结构指针
    T_TTOS_TaskControlBlock * taskCB;        //静态任务配置控制结构指针
    T_UBYTE * taskStack;                     //运行栈指针
    T_UWORD configTaskNumber;                //静态配置的任务个数
    T_UWORD createTaskMaxNumber;             //用户可以动态创建的任务个数
    T_TTOS_ConfigSema * semaConfig;          //静态信号量配置结构指针
```

```
        T_TTOS_SemaControlBlock * semaCB;          //静态信号量配置控制结构指针
        T_UWORD configSemaNumber;                  //静态配置的信号量个数
        T_UWORD createSemaMaxNumber;               //用户可以动态创建的信号量个数
        T_TTOS_ConfigMsgq * msgqConfig;            //静态消息队列配置结构指针
        T_TTOS_MsgqControlBlock * msgqCB;          //静态消息队列配置控制结构指针
        T_UWORD configMsgqNumber;                  //静态配置的消息队列个数
        T_UWORD createMsgqMaxNumber;               //用户可以动态创建的消息队列个数
        T_UWORD createMsgqBufSize;                 //用户配置的一个基本缓存单元大小
        T_TTOS_ConfigTimer * timerConfig;          //静态定时器配置结构指针
        T_TTOS_TimerControlBlock * timerCB;        //静态定时器配置控制结构指针
        T_UWORD configTimerNumber;                 //静态配置的定时器个数
        T_UWORD createTimerMaxNumber;              //用户可以动态创建的定时器个数
        T_BOOL getTaskStackInfo;                   //配置是否需要查询任务栈信息标志
        T_UWORD ttosEveRecordMask;                 //TTOS 事件记录掩码
        T_VOID * kernelHeapStart;                  //核心工作空间起始地址
        T_UWORD kernelHeapSize;                    //核心工作空间大小
}T_TTOS_ConfigTable;
```

全局配置属性的详细说明可扫描二维码进行学习。

**全局配置属性
的详细说明**

2.3.3 组件配置

系统根据 TTOS 应用开发者配置的宏对文件系统、网络协议栈、C++等组件进行初始化。

宏的定义在 TTOS 项目构建属性中配置或在 config_bsp.h 中配置。

2.3.4 初始化

TTOS 启动时按以下顺序进行初始化。

(1) 建立 TTOS 映像的初始化栈。

(2) 对 BSS 段清零。

(3) 初始化 printk 字符输出函数。

(4) 调用 tbspInitVint 实现虚拟中断相关属性的初始化。

(5) 调用 TTOS_StartOS 初始化 TTOS 并进入多任务调度。

(6) 进入初始化任务,根据 TTOS 应用开发者定义的宏对组件进行初始化。

其中,TTOS 映像的初始化栈大小可以修改,需要在链接配置里的 init_stack 预留段里设置初始化栈的大小。tbspInitVint 会初始化 TTOS 映像使用的虚拟中断栈,用户可以进行修改。

2.3.5 任务管理

在 TTOS 中任务是执行的基本单位,任务采用优先级抢占式调度。任务的优先级为 0~255,0 表示最高优先级,255 表示最低优先级(TTOS 兼容 POSIX 接口,可以使用 POSIX 的 pthread 创建任务,此时 0 表示最低优先级,255 表示最高优先级)。在 TTOS 中任务能够被动态创建,也能够被删除,任务也可通过静态配置由初始化模块生成。

系统中还存在一个特殊的任务——IDLE 任务,IDLE 任务优先级为 255,在系统空闲时投入运行,IDLE 任务的序号紧接用户配置任务的序号。

任务管理的核心是对任务状态和调度的管理。

有关任务状态变迁，以及任务调度相关内容，可扫描二维码进行学习。

任务状态变迁
与任务调度

2.3.6 信号量管理

信号量为 TTOS 提供任务间同步和互斥机制；信号量模块实现计数信号量和互斥锁的功能。同样，TTOS 也兼容 POSIX 接口，提供标准的 POSIX 接口信号量功能。

1. 信号量类型

1）计数信号量

计数信号量通过计数值表示其状态，允许多次获取或释放。计数信号量有可获取和不可获取两个状态，它的状态变化如图 2-6 所示，当一个或多个任务在获取信号量后，其计数值变为 0 时，计数信号量由可获取状态变为不可获取状态。如果由不可获取状态变为可获取状态时，必须有任务释放这个信号量，每个释放操作时都会将信号量的计数值加 1。

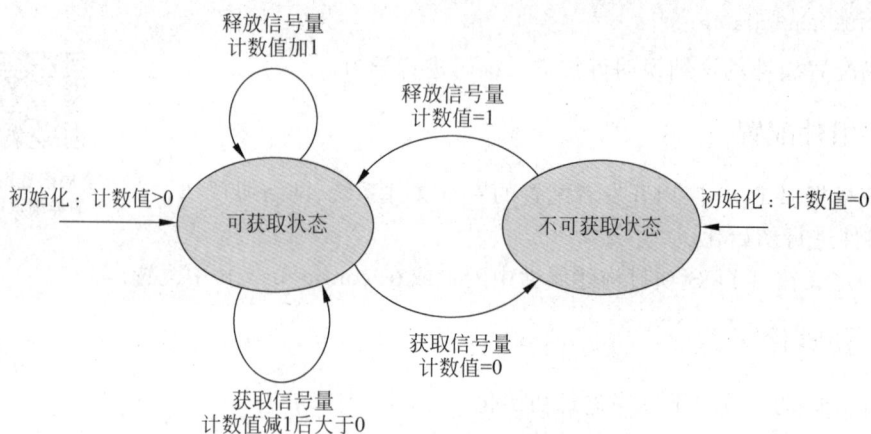

图 2-6　计数信号量的状态变化

2）互斥锁

互斥锁创建时，初始值只能为 0 和 1，初始值为 0 时，信号量的拥有者不属于任何一个任务，第一次释放该信号量的任务为该信号量的拥有者；初始值为 1 时，信号量的拥有者为创建该信号量的任务，只有信号量拥有者才能释放该互斥锁。互斥锁支持同一个任务嵌套访问，所谓嵌套访问，是指某任务已经占有了一个信号量，此任务以后可以再申请同样的信号量，其结果是信号量的嵌套数随之增加。释放嵌套信号量时，仅当释放的是信号量嵌套层的最后一层时，才真正释放掉此信号量，即其他请求此信号量的任务才可以拥有它。

互斥锁支持天花板优先级。天花板优先级算法的思想是：首先给出可能申请某信号量的所有任务中最高优先级任务的优先级，将其作为天花板。此后，一旦有任务申请此信号量，如果它的优先级高于天花板，则出错；否则，将其优先级抬升到天花板。直至此任务释放完它占有的所有互斥信号量，其优先级才被还原。

信号量的名字、类型及初始值可通过静态配置或者动态创建的方式实现。

2. 信号量等待策略

当任务可以获得信号量时，任务可以继续运行。当任务不能够获得信号量时，可以选择三种等待方式。

（1）不等待方式。

当任务采用不等待方式时，则直接退出并返回失败状态。

（2）永久等待方式。

当任务采用永久等待方式时，计数信号量按 FIFO 策略通过任务资源节点插入任务信号量等待队列，互斥锁按优先级策略通过任务资源节点插入任务信号量等待队列，只有当其他任务释放信号量后才能唤醒该任务。

（3）时间等待方式。

当任务采用时间等待方式时，将任务插入任务信号量等待队列同时插入任务 tick 等待队列，如果在等待时间内获得信号量时，唤醒该任务；如果等待时间到后任务还没有获得信号量，则任务被唤醒并且返回失败状态。

2.3.7　事件管理

事件不作为一个单独的对象，作为任务的属性。

发送事件时，根据任务 ID 编号，相应地设置任务的事件属性。

接收事件时，任务获得当前事件，和预期等待事件相比较，如果符合，完成事件接收；否则，根据选项等待或者直接返回。用户最多可等待 32 个事件。

事件是一种任务间的通信与同步机制，用来通知某任务：系统出现了一个预先定义的事件。

每个任务拥有 32 个事件标记，一个或多个事件构成一个事件集。

注意：①事件提供的是一种简单的任务同步机制；②任务可以同时等待多个事件；③事件间相互独立；④事件不提供数据传输功能；⑤事件无队列，即多次向任务发送同一事件，在未经过任何处理的情况下，其效果等同于只发送一次。

2.3.8　消息队列管理

消息队列用于存放任务和中断服务程序发出的消息，其数量由用户定义。

消息队列的状态有：空、空并且有任务等待接收消息、消息队列中有消息等待被接收、满和满且有任务等待发送消息。通常，进入消息队列的消息被任务按 FIFO 方式接收，但紧急消息将被置于消息队列的头部，首先被任务接收。

任务可以在一个空消息队列上等待其他任务发出的消息，以实现两个任务间的同步。

当任务因为消息队列空而无法获得消息，或消息队列满而无法发送消息时，将根据用户定义的属性直接返回或进入等待队列，其属性包括：

（1）TTOS_WAIT——任务等待消息（默认）。

（2）TTOS_NO_WAIT——任务不等待。

无法获得消息并等待时，任务等待队列的属性为按 FIFO 方式等待。

2.3.9　定时器管理

TTOS 实现软定时器的功能，在时钟的驱动下，可以模拟若干个软定时器，每个 TTOS 都可以创建一个或者多个定时器，以实现对一些计时功能的操作。

1. 定时器状态

定时器有以下几种状态。

（1）未安装：表示还未设置定时器的触发间隔时间、定时器被触发时的处理程序、定时器处理程序参数和定时器的触发次数。

（2）已安装：表示已经对定时器进行了初始化，并且设置了定时器的触发间隔时间、定时器被触发时的处理程序、定时器处理程序参数和定时器的触发次数等参数。

（3）激活：表示定时器开始计时，当触发时间到来则执行触发定时器被触发时的处理程序。

（4）停止：表示定时器计时停止，不再触发定时器。

2. 定时器的状态变迁

定时器的状态变迁如图 2-7 所示。

有关定时器状态变迁的详细说明，可扫描二维码进行学习。

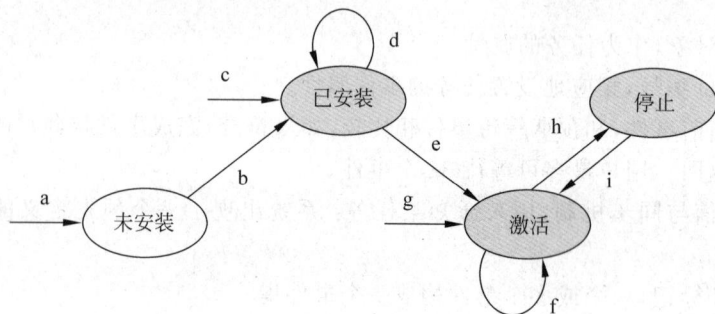

图 2-7　定时器的状态变迁

定时器的状态变迁

2.3.10　中断异常

TTOS 的中断异常处理与普通虚拟机应用的中断异常处理相似，两者不同点如下。

（1）TTOS 的中断由 Intewell 统一管理分发到各个虚拟机中。

（2）TTOS 映像在初始化时通过 tbspInitVint 初始化并打开所有 TTOS 映像的虚拟中断，安装 TTOS 默认的虚拟中断处理流程，TTOS 映像可以使用 VBSP 提供的虚拟中断 API 来处理虚拟中断。虚拟机应用开发者不能使用 VMK_InInitializeVint 或者 vbspInitializeVint 初始化 TTOS 映像的虚拟中断。

（3）因 TTOS 映像支持多任务编程，允许虚拟中断嵌套，TTOS 映像使用一个虚拟中断栈处理虚拟中断，虚拟中断栈从 TTOS 映像对应的应用虚拟机空间内分配，栈大小为 TBSP_STACK_SIZE，参见 2.2 节中虚拟中断栈的描述。TTOS 虚拟机调用 VBSP 接口安装的虚拟中断处理程序是在关任务调度的情况下执行的。

（4）TTOS 映像初始化时通过 tbspInitVint 打开所有虚拟中断，但通过 TTOS_StartOS 初始化 TTOS 时，为 tick 中断安装中断处理程序以支持任务定时等待、任务时间片轮转、任务和定时器的正常运行。建议用户不要调用 vbspDispatchVint/vbspDisableGlobalInt/tbspClearGlobalInt 长时间禁止 tick 中断，不要调用 vbspInstallVintHandler 覆盖虚拟机的虚拟 tick 中断处理程序，不要调用 vbspUnInstallVintHandler 卸载 TTOS 虚拟机的虚拟

tick 中断处理程序,否则,TTOS 虚拟机中与时间相关的功能将不能正常运行。

(5)用户可以通过 TTOS_InstallVintHandler 和 TTOS_UninstallVintHandler 安装或者卸载虚拟中断处理程序。在安装时,需要用户选择虚拟中断的执行模式,执行模式分为 TTOS_VINT_USERADDIN 和 TTOS_VINT_USERDEFINE。如果用户使用 TTOS_VINT_USERDEFINE 模式,当虚拟中断发生时只会执行用户安装的虚拟中断处理程序;如果使用 TTOS_VINT_USERADDIN 模式,当虚拟中断发生时将会先执行系统默认的处理程序,然后执行用户安装的处理程序。若安装的是异常处理程序,且使用的是 TTOS_VINT_USERDEFINE 模式,则还需要在异常处理程序中调用 VMK_AckException 函数来应答异常。

(6)用户可以通过 TTOS_InstallIntHandler 安装 TTOS_VINT_USERDEFINE 模式的虚拟外部中断处理程序。安装中断处理程序后,需要执行 TTOS_EnablePIC()在中断控制器上使能对应的中断。

2.3.11 钩子函数

TTOS 为 TTOS 应用提供了一些钩子函数,在 TTOS 应用运行过程的关键时间点进行调用,方便用户扩展。关键时间点主要包括开始任务调度前、任务被调度进入时、任务被调度换出时、空闲任务运行时、应用通知健康监控处理错误时和健康监控使用关闭类健康监控处理动作对应用错误进行处理时。

TTOS 提供的钩子函数有 10 个,有关钩子函数的详细说明可扫描二维码进行学习。

TTOS 的钩子函数

限于篇幅,有关多核管理、POSIX 接口等更多内容,请参阅《Intewell TTOS 软件编程手册》《Intewell TTOS 软件参考手册》与《Intewell TTOS POSIX 软件参考手册》。

2.4 Intewell 操作系统环境下应用项目的开发工具

Intewell 操作系统环境下应用项目的开发工具包括 Intewell Developer 开发环境与 Intewell Toolbox。

2.4.1 Intewell Developer 开发环境的安装与操作使用

Intewell Developer 开发环境的功能是创建项目、配置环境、输入与编辑应用程序(源码),以及构建(编译)项目、生成机器代码(二进制代码)。

1. Intewell Developer 的主要特性

(1)采用 Eclipse 作为集成开发环境的基础框架,使集成开发环境技术与世界一流厂商同步。

(2)丰富的项目向导和框架,规范、简化了嵌入式板级支持包和软件开发的过程。

(3)直观的配置环境,使嵌入式软件开发者可以在规范、统一、集中的配置视图中配置目标板、内存、操作系统和组件。

(4)以局域网为基础,面向服务的交叉开发环境,消除宿主机和目标机之间的鸿沟,实现远程开发的本地化。

（5）为开发团队提供远程目标机管理，能够充分利用团队资源，提高团队开发效率的开发环境。

2. Intewell Developer 的安装

1）安装

Intewell Developer 产品包为安装包文件，安装到指定路径下即可使用。为确保产品包的正常使用，安装路径不应包含中文和空格，路径不宜过长，建议直接安装到盘符下使用。

2）启动 Intewell Developer

在 Intewell Developer 安装目录的"安装目录/eclipse/"文件夹下，单击 Intewell Developer.exe 即可启动 Intewell Developer。

（1）如果在启动过程中弹出"Windows 找不到 wmic"相关的消息，请在当前计算机中搜索 wmic，然后将 wmic 所在的路径添加到 Windows 的环境变量 PATH 中即可。

（2）如果在启动过程中弹出一些动态库找不到的错误，则需要安装 vc_redist. x64. exe。推荐安装 VC++ 2019 对应的版本。

3. Intewell Developer 的操作使用

Intewell Developer 是专业嵌入式软件开发平台，在 Intewell Developer 平台上项目的主要开发流程如图 2-8 所示。

1）启动开发环境

（1）以管理员身份启动 Intewell Developer 程序，系统弹出欢迎界面，如图 2-9 所示。

（2）系统自动进入"选择一个目录作为工作空间"对话框，如图 2-10 所示。工作空间是用于存放工作空间的目录，这里采用默认的工作空间，单击"启动"按钮，进入 Intewell Developer 工作界面，看到的是 C/C++ 透视图，如图 2-11 所示。

2）新建工程

（1）选择"文件"→"新建"→"项目"菜单命令，如图 2-12 所示，弹出"选择向导"对话框，如图 2-13 所示。

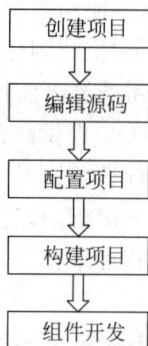

```
创建项目
   ↓
编辑源码
   ↓
配置项目
   ↓
构建项目
   ↓
组件开发
```

图 2-8　嵌入式软件开发流程

图 2-9　Intewell Developer 欢迎界面

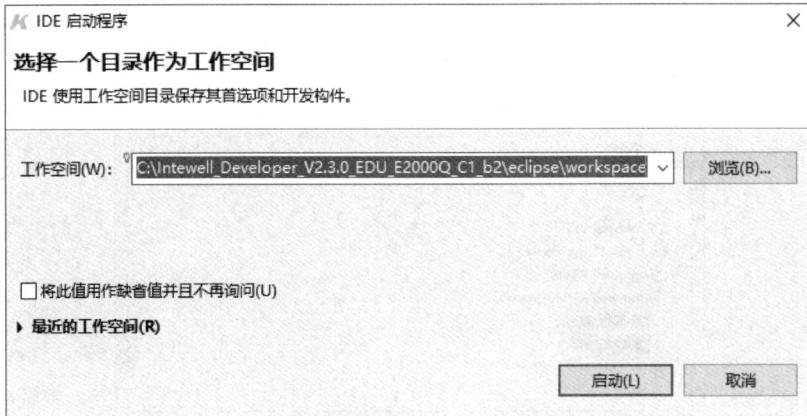

图 2-10　"选择一个目录作为工作空间"对话框

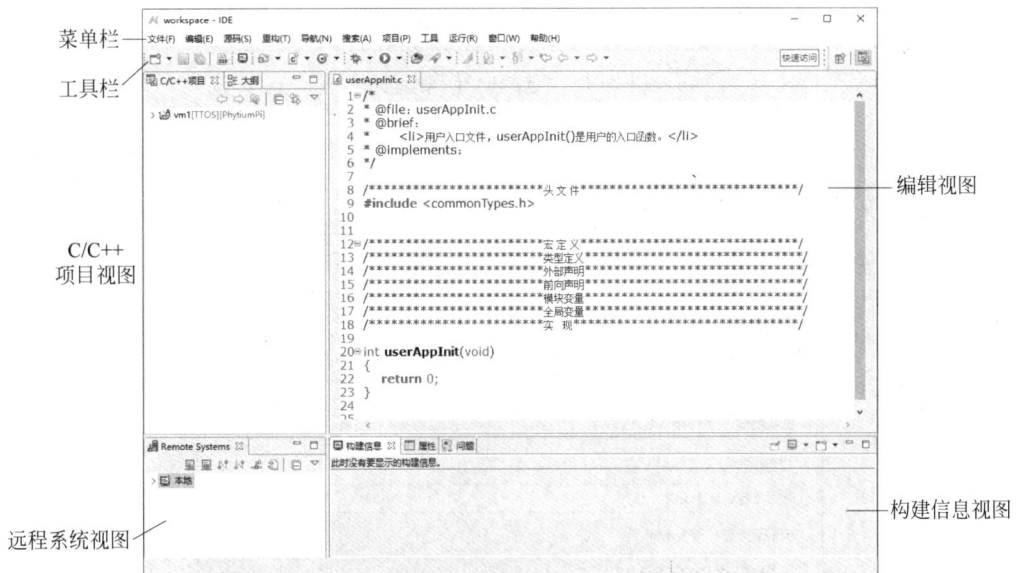

图 2-11　Intewell Developer 工作界面

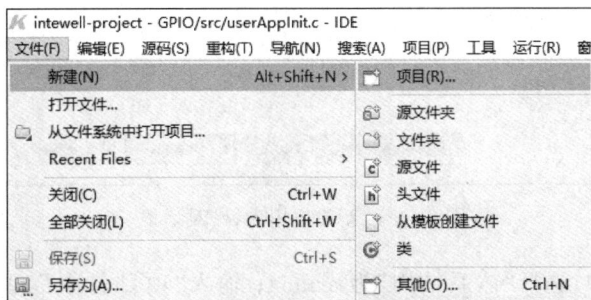

图 2-12　新建项目操作路径

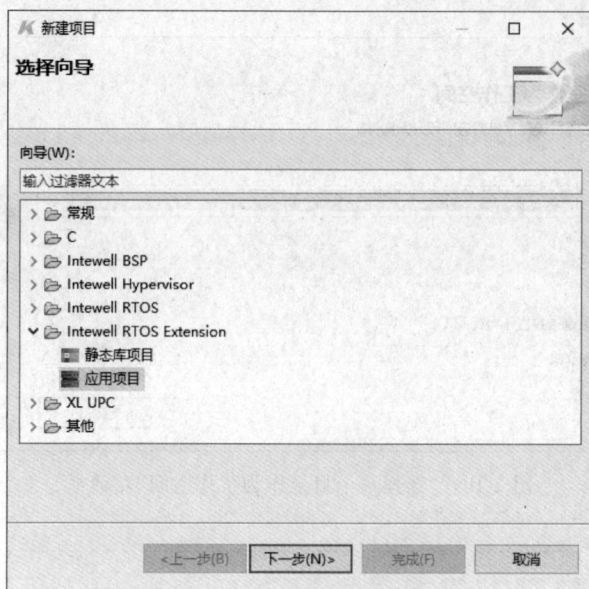

图 2-13 "选择向导"对话框

（2）在图 2-13 中，选择 Intewell RTOS Extension→"应用项目"，并单击"下一步"按钮，弹出"新建应用项目"对话框，如图 2-14 所示。

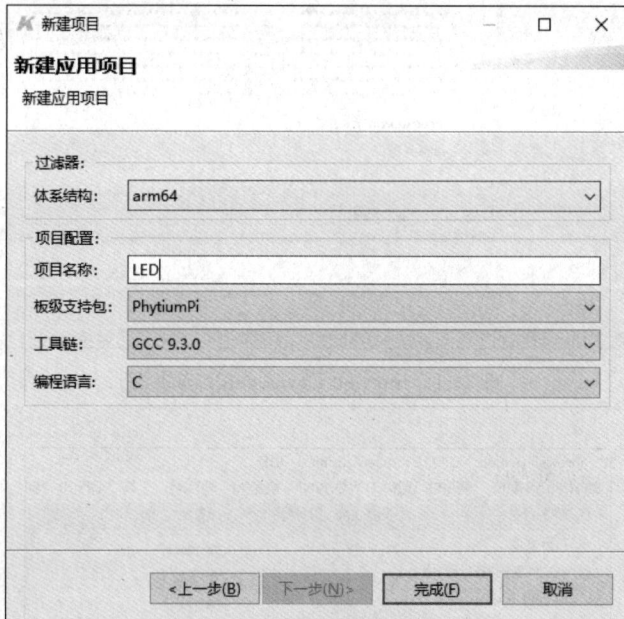

图 2-14 "新建应用项目"对话框

（3）在图 2-14 中，选择"体系结构"为 arm64；输入"项目名称"，可自定义，比如 LED；其他参数按默认配置。最后单击"完成"按钮，完成新建项目。

（4）查看新建项目：在左侧的项目视图中，可看到新建的 LED 项目，如图 2-15 所示。

图 2-15　新建的 LED 应用项目

3）环境配置

默认情况下，Intewell IDE 中的项目可以用默认的编译环境。用户也可以根据自己需求，对环境进行一些设定和修改，以适应不同项目。Intewell IDE 中，对每个项目的属性、编译器、组件开关都可以实现带界面的配置。

（1）在"项目名称（LED 项目）"上，右击，弹出"LED 的属性"对话框，选择"C/C++常规"→"C/C++构建"→"设置"→GCC C Compiler→"预处理器"，如图 2-16 所示，添加以下两个参数。

```
CONFIG_CONSOLE_STDIN = CONFIG_DEVICE_COMX_NAME
CONFIG_CONSOLE_STDOUT = CONFIG_DEVICE_COMX_NAME
```

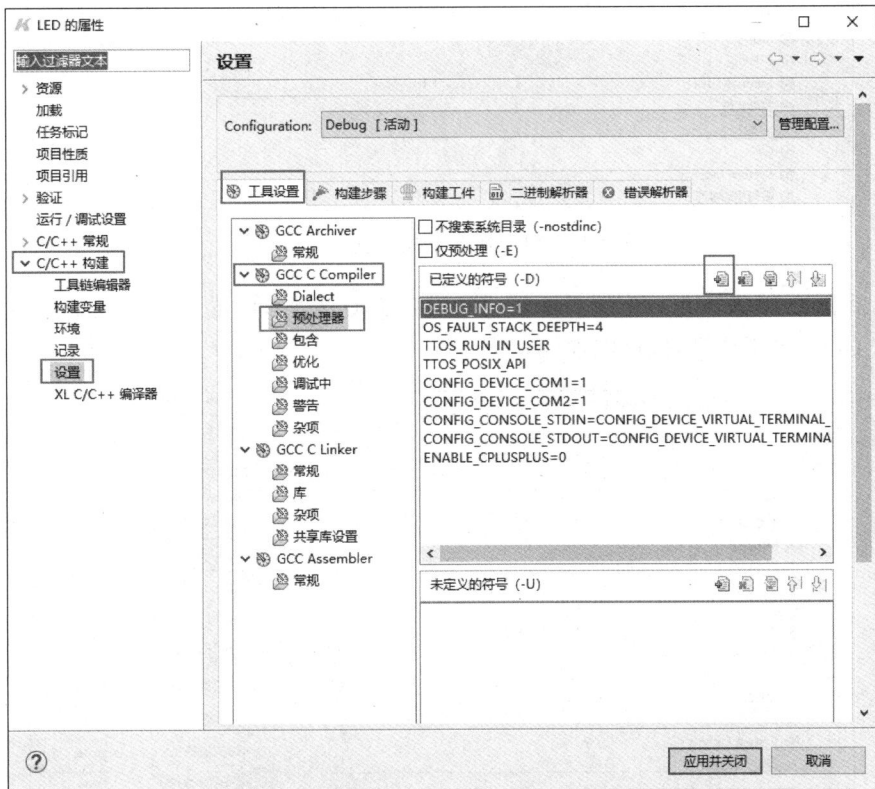

图 2-16　LED 项目属性

（2）双击"LED 项目"下的组件配置，在配置页面的"组件配置"位置右击，并选择"专家模式"，如图 2-17 所示。

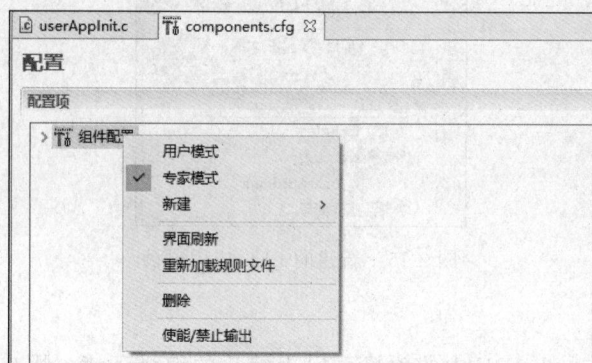

图 2-17　LED 项目"专家模式"配置的选择

（3）在图 2-18 所示组件配置界面，选择 SHELL，设置"网络"参数为 true。

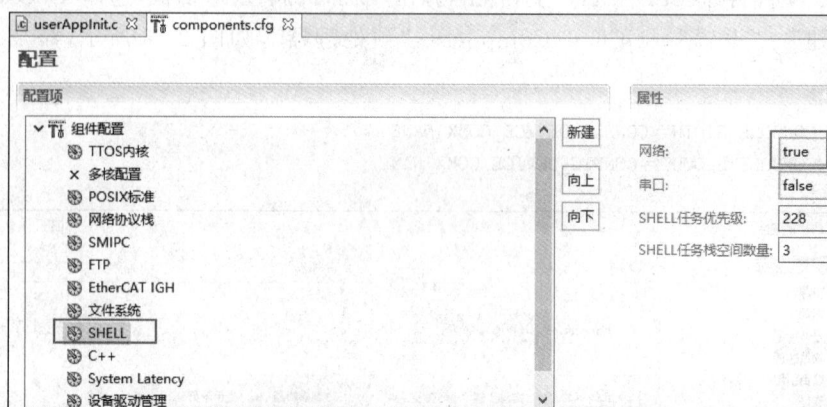

图 2-18　组件配置界面 SHELL 的设置

（4）在图 2-19 所示组件配置界面，选择"设备驱动管理"，设置"GPIO 设备驱动"参数为 true。按 Ctrl+S 组合键，保存配置。

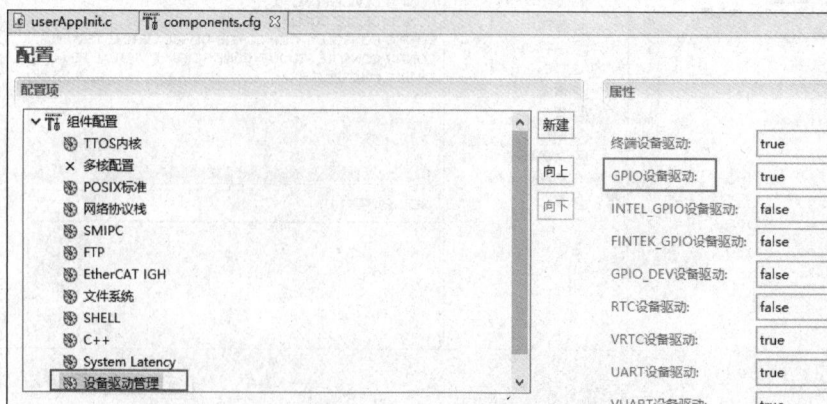

图 2-19　组件配置界面"设备驱动管理"的设置

4）输入与编辑应用程序

（1）打开应用程序文件：在应用项目（如 LED）下，打开 src 文件夹，并选择 userAppInit.c，如图 2-20 所示。

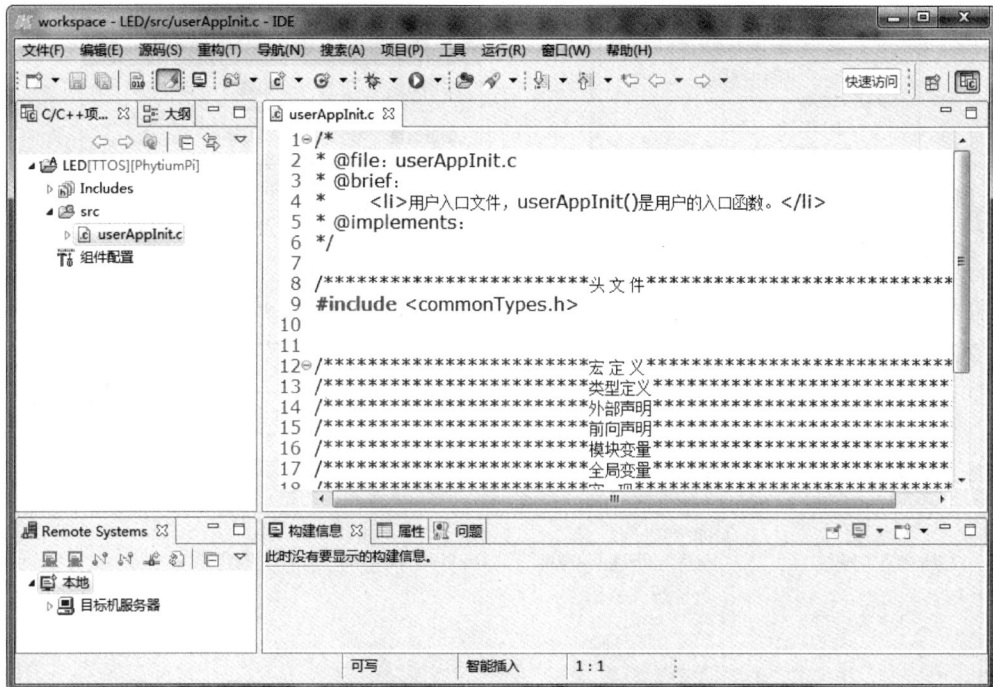

图 2-20　userAppInit.c 编辑界面

（2）在 userAppInit.c 编辑界面输入任务功能（如 LED 灯闪烁）程序。

5）构建（编译）项目，生成机器运行所需的二进制文件

（1）在新建的应用项目（如 LED 项目）位置右击，弹出如图 2-21 所示快捷菜单。

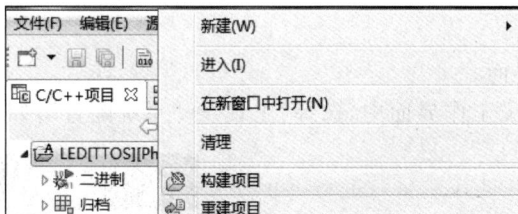

图 2-21　"构建项目"快捷菜单

（2）选择"构建项目"菜单，系统进入"构建"过程，完成构建后，在项目目录会生成 LED.bin 和 LED.elf 文件，如图 2-22 所示。

2.4.2　Intewell Toolbox 工具的操作使用

Intewell Toolbox 工具的作用是将 Intewell Developer 开发环境编辑、构建（编译）生成的应用项目的二进制代码文件下载到飞腾派 E2000 专用芯片中，并在线运行与调试应用程序。

1. 打开 Intewell Toolbox 工具

在 Windows 系统,打开 Intewell Toolbox 软件(如 Intewell Toolbox V1.3.0),弹出 Intewell Toolbox 工作界面,如图 2-23 所示。

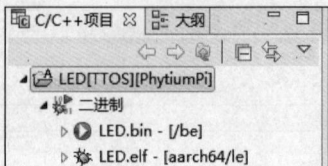

图 2-22 "构建项目"完成后生成二进制文件

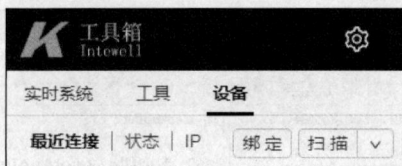

图 2-23 Intewell Toolbox 工作界面

2. 绑定目标系统

(1) 在图 2-23 中选择"设备"→"扫描"功能,弹出目标系统绑定界面,如图 2-24 所示。

图 2-24 目标系统绑定界面

(2) 在图 2-24 左侧输入框中输入"192.168.1.100(飞腾派配置网桥的 IP)",单击"查询"按钮,选择网桥的 IP,单击"绑定"按钮,即可绑定飞腾派,如图 2-25 所示。

3. 系统配置

1) 打开系统设置界面

在 Intewell Toolbox 工作界面中,选择"工具"→"系统配置",如图 2-26 和图 2-27 所示。

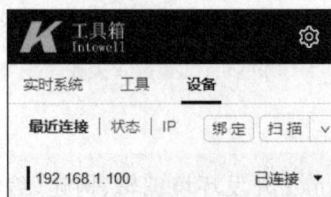

图 2-25 目标系统绑定成功界面

图 2-26 Intewell Toolbox 工具菜单的设置界面

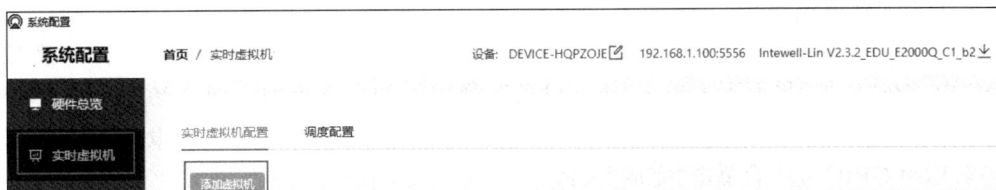

图 2-27　Intewell Toolbox"系统设置"对话框

2）添加虚拟机

在系统配置中,选择"实时虚拟机"→"添加虚拟机",弹出如图 2-28 所示的"添加"对话框。

图 2-28　"添加"对话框

（1）上传镜像文件（二进制文件）。

如图 2-28 所示,在硬件选型中选择"镜像",在镜像属性中,选择"上传镜像模式"。选择要上传的镜像文件,即 Intewell Developer 开发环境构建生成的应用项目的二进制文件（机器运行文件,如 LED.bin）,被添加的 bin 文件即为用户 IDE 应用项目中生成的二进制文件,一般存放于 IDE 安装目录下的 workspace 文件夹下。然后单击"上传镜像"按钮,完成上传镜像文件,如图 2-29 所示。

图 2-29　完成"上传镜像"后的界面

（2）添加硬件设备。

Intewell Toolbox 可以定制化地添加需要的设备，每个设备可以分配到不同的虚拟机（VM）中。在"添加"界面下方单击"添加设备"，弹出添加设备界面。图 2-30 所示为添加网卡，网卡类型为 virtual，然后单击"完成"按钮；图 2-31 所示为添加 GPIO 设备，GPIO 组的设备名称为 GPIO1，然后单击"完成"按钮。

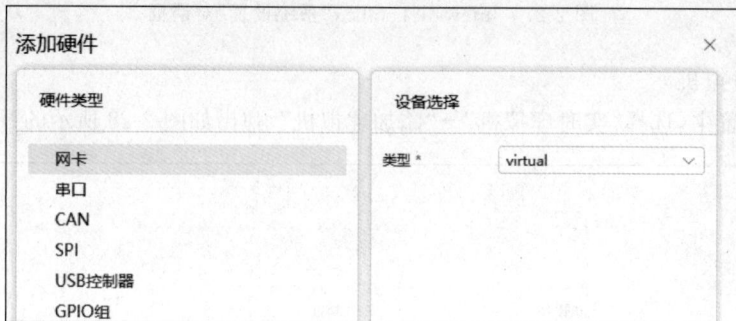

图 2-30　添加网卡

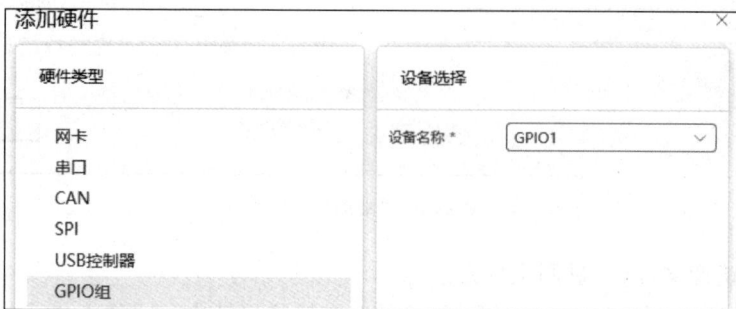

图 2-31　添加 GPIO 设备

（3）设置虚拟网卡。

在 Intewell 中，网卡是使用频率最高的设备，一般需要添加。用户可以自定义添加网卡，并设定网卡的 IP 和掩码等属性。如图 2-32 所示，虚拟网卡的 IP 设置为 192.168.1.70，与网桥同一个网段，子网掩码设置为 255.255.255.0，然后单击"确认"按钮完成配置。

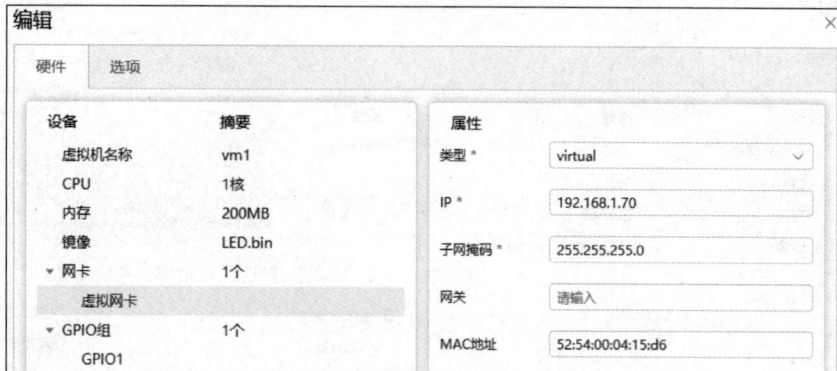

图 2-32　设置虚拟网卡参数

3）系统配置的生效

在系统配置页面中，选择"生效"选项，在"生效"控制框中（图 2-33），单击"生效"按钮，会弹出"生效"提示信息框，如图 2-34 所示，单击"确认"按钮，进入生效过程（向目标系统下载配置命令与下载二进制文件），完成后出现"生效"成功信息，如图 2-35 所示。

图 2-33　系统配置生效工作界面

图 2-34　系统配置生效提示信息框

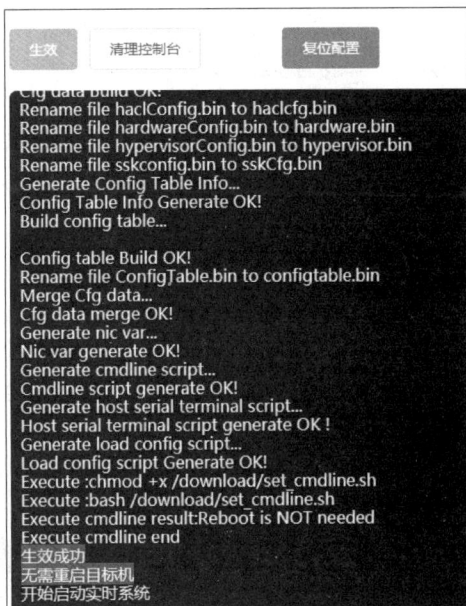

图 2-35　系统配置生效过程的完成信息

4. 启动与停止实时系统

生效完成后，会自动启动实时系统（目标系统），如图 2-36 所示，此时可在目标系统中观察到应用项目的功能，并可以在工具的日志选项中查看运行效果，如图 2-37 和图 2-38 所示。同时，在工具箱实时系统中关闭已运行的实时系统。

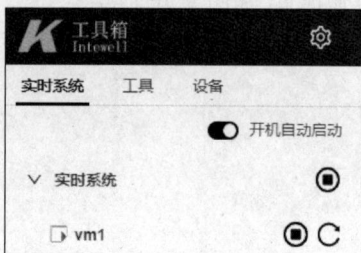

图 2-36 实时系统运行情况

图 2-37 选择日志

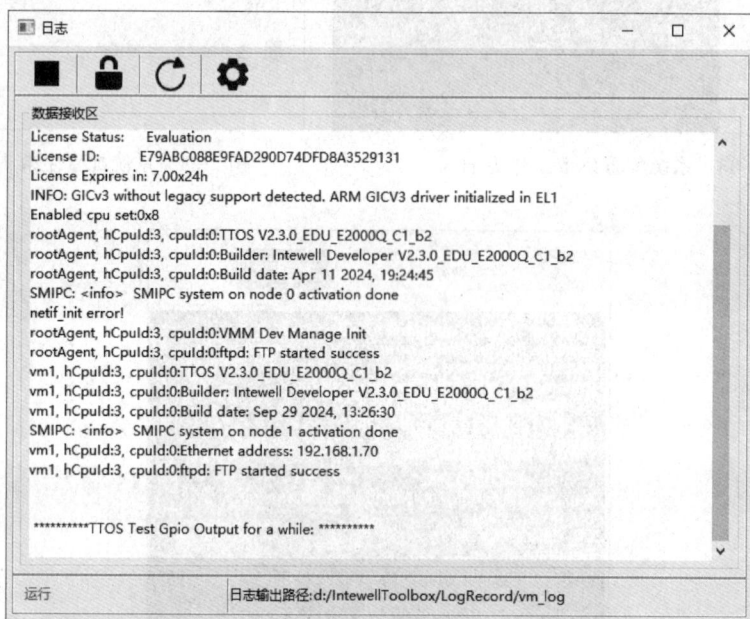

图 2-38 日志中运行信息

2.5 工程训练：基于 Intewell 操作系统 LED 灯 应用的开发实践

2.5.1 工程训练目标

通过 LED 灯闪烁应用系统的开发与调试，达到以下目标。

（1）掌握基于 Intewell 操作系统环境下应用项目的开发流程。

（2）掌握 Intewell Developer 集成开发环境的操作使用。

（3）掌握 Intewell Toolbox 工具箱的操作使用。

2.5.2 预习内容

2.4 节中 Intewell Developer 集成开发环境的操作使用与 Intewell Toolbox 工具箱的操作使用。

2.5.3 LED 闪烁灯任务功能

LED 闪烁灯任务比较简单,即单只 LED 灯按一定时间一亮一灭,周而复始。

2.5.4 LED 闪烁灯硬件电路与参考程序

1. 硬件电路

采用按 Intewell 实时扩展构型适配好的飞腾派,用飞腾派 E2000 专属芯片的 GPIO1_12 引脚控制 LED 灯的亮灭,在 GPIO1_12 引脚与地之间外接一只 LED 和限流电阻,如图 2-39 所示。

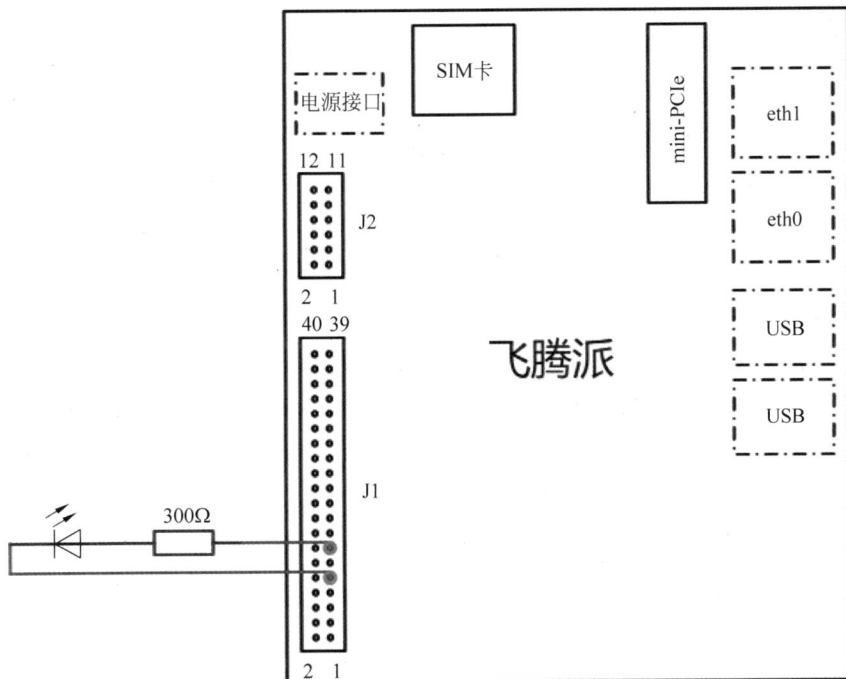

图 2-39　LED 灯连接图

2. C 语言源程序(供参考)

```
/* @file:userAppInit.c,userAppInit()是用户的入口函数.*/
/****************** 头 文 件 ******************/
# include <commonTypes.h>
# include <modbusIO.h>
# include <sysGpio.h>
# include <fcntl.h>
# define LED "/GPIO_492"          //对应飞腾派原理图 J1 座子 7 脚(GPIO1_12)
T_VOID IntewellOS_LED_test_output(T_VOID);
```

```
int userAppInit(void)
{
    printf("\r\n ********** TTOS Test GPIO Output for a while: ********** \n");
    IntewellOS_LED_test_output();
    return 0;
}
T_VOID IntewellOS_LED_test_output(T_VOID)
{
    T_WORD fd = -1;
    T_WORD ret = 0;
    T_BYTE high[ ] = "1";
    T_BYTE low[ ] = "0";
    T_WORD cnt = 100;
    fd = open(LED, MODBUS_IO_BLOCK);        /* 打开 GPIO */
     if (fd < 0)
    {
        printk("open GPIO errno = % d\n", errno);
        return;
    }
    T_DR_GpioConfigTable config;
    ioctl(fd, UIO_GET_CFG, &config);
    config.direction = GPIO_OUTPUT;
    ioctl(fd, UIO_SET_CFG, &config);
    while(1)
    {
        write(fd, high, 1);            //测试 GPIO 输出高电平
        TTOS_SleepTask(500);
        write(fd, low, 1);             //测试 GPIO 输出低电平
        TTOS_SleepTask(500);
    }
     ret = close(fd);                  //关闭 GPIO
    if (ret < 0)
    {
        printk("close GPIO error\n");
    }
}
```

2.5.5 训练步骤

（1）新建一个文件夹：位于根目录下，文件夹名称为 LED。

（2）应用 Intewell Developer 集成开发环境构建 LED 闪烁灯应用项目，生成 ILED 闪烁灯应用项目的二进制文件：LED. bin。

① 新建实时扩展型应用项目：存放在 LED 文件夹中，项目名称为 LED。

② 环境配置：参考图 2-18～图 2-20。

③ 输入与编辑 LED 闪烁灯的应用程序。

④ 构建 LED 应用项目，生成 LED 闪烁灯的二进制文件：LED. bin。

（3）应用 Intewell Toolbox 工具箱完成 LED. bin 文件的下载与在线监控。

① 给 Intewell Toolbox 工具箱绑定所使用的飞腾派。

② 应用 Intewell Toolbox 工具箱进行系统配置。

a. 添加虚拟机。

• 上传镜像文件(Intewell Developer 集成开发环境生成的二进制文件)。

• 添加设备,包括网卡与 GPIO。

• 设置虚拟网卡的 IP 地址与子网掩码。

b. 系统配置生效。

(4) 启动与关闭实时系统(LED 闪烁灯系统)。

(5) 观察飞腾派外接的 LED 灯的显示效果,并记录。

(6) 利用 Intewell Toolbox 工具箱日志功能观察实时系统的运行状况,并记录。

2.5.6 总结与反思

总结基于 Intewell 操作系统环境下应用项目的完整流程,以及 Intewell Developer 集成开发环境与 Intewell Toolbox 工具箱的使用情况。

反思训练过程中存在的不足与改进思路。

本 章 小 结

本章介绍了嵌入式操作系统的基本概念、性能与特点,以及与之相关的基本术语,如信号量、消息队列、任务管理、事件管理、定时器和文件系统。在此基础上,重点介绍了 Intewell 操作系统的技术背景、技术特性、应用场景、混合架构和应用基础。此外,还阐述了 Intewell 操作系统环境下应用项目的开发工具,包括 Intewell Developer 集成开发环境和 Intewell Toolbox 工具箱的操作使用。

习   题

一、填空题

1. 嵌入式操作系统是指用于_____的操作系统。

2. 嵌入式操作系统的特点包括可装卸性、_____、统一的接口等。

3. 在嵌入式操作系统中,信号量是一种常用的_____机制。

4. 消息队列是一种_____(FIFO)的数据结构。

5. 嵌入式操作系统中的任务是其最基本且核心的功能之一,涉及任务的创建、_____、同步等多个方面。

6. 在嵌入式系统中,事件是指发生的一系列外部信号、_____或特定条件的组合。

7. 定时器本质上是一个_____,根据输入的时钟脉冲进行计数。

8. 文件描述符是应用程序中表示被打开文件的一个_____。

9. Intewell 操作系统采用_____结构设计。

10. Intewell 操作系统支持高达_____个实时应用。

二、选择题

1. （　　）不是嵌入式操作系统的特点。

　　A. 可装卸性　　　　　　　　　　　　　B. 弱交互性

　　C. 强大的游戏功能　　　　　　　　　　D. 高稳定性

2. 在嵌入式操作系统中，二进制信号量允许信号量取（　　）两个值。

　　A. 0 和 1　　　　B. 任意非负整数　　　C. 正整数　　　　D. 负整数

3. 消息队列提供了一种（　　）实现任务间的通信和同步。

　　A. 同步方式　　　　　　　　　　　　　B. 异步方式

　　C. 同步和异步方式　　　　　　　　　　D. 都不是

4. （　　）不是任务的状态。

　　A. 执行态　　　　B. 就绪态　　　　C. 暂停态　　　　D. 阻塞态

5. 任务调度的时机不包括以下（　　）。

　　A. 当前任务主动放弃 CPU　　　　　　B. 当前任务因为时间片用完而被换出

　　C. 低优先级任务就绪　　　　　　　　　D. 有更高优先级的任务就绪

6. （　　）不是事件处理的常见方式。

　　A. 中断处理　　　　B. 消息处理　　　　C. 邮件处理　　　　D. 信号量处理

7. 定时器的（　　）允许用户根据需要设置定时器的计数范围。

　　A. 自由运行模式　　　　　　　　　　　B. 重装载模式

　　C. 正计数/倒计数模式　　　　　　　　D. 都不是

8. 文件描述符在文件操作中扮演（　　）角色。

　　A. 表示文件内容

　　B. 表示文件路径

　　C. 系统区分不同文件、进行文件操作的关键

　　D. 表示文件大小

9. Intewell 操作系统通过（　　）技术实现虚拟机管理抽象层。

　　A. 宏内核　　　　　　　　　　　　　　B. 微内核

　　C. 虚拟化　　　　　　　　　　　　　　D. 都不是

10. （　　）不是 Intewell 操作系统的应用场景。

　　A. 工业自动化　　　　　　　　　　　　B. 智能制造

　　C. 高端游戏开发　　　　　　　　　　　D. 汽车电子

三、判断题

1. 嵌入式操作系统通常包括与硬件相关的底层驱动软件、系统内核等。（　　）

2. 嵌入式操作系统的操作界面通常复杂且难以使用。（　　）

3. 信号量只能用于任务间的同步，不能用于互斥。（　　）

4. 消息队列的实现方式通常基于链表或环形缓冲区等数据结构。（　　）

5. 嵌入式系统中的任务一旦创建，其优先级就不能更改。（　　）

6. 嵌入式系统中的事件处理只能通过中断实现。（　　）

7. 定时器只能用于产生精确的时间间隔，不能用于延时操作。（　　）

8. 文件描述符在文件操作中不是必需的。（　　）

四、问答题

1. 嵌入式操作系统的基本特征有哪些？

2. 嵌入式操作系统与通用操作系统的区别是什么？

3. 在嵌入式系统中，为什么需要引入实时多任务操作系统？

4. 嵌入式操作系统的内核结构通常包括哪些部分？

5. 请简述嵌入式操作系统在物联网中的应用及其重要性。

第 **3** 章

工业通信协议与应用

【知识目标】

深刻理解工业通信协议在自动化领域的核心价值,掌握工业现场总线与无线通信协议的分类原则;精通 Modbus、CAN、PROFIBUS、EtherCAT 等有线协议及 Wi-Fi、LoRa、5G、北斗等无线协议的核心概念、特性、工作原理,以及报文结构、数据模型、通信架构、拓扑结构和错误处理机制;明确不同协议在各类工业场景中的具体应用范围与适用条件。

【能力目标】

能够根据工业应用需求,灵活选择并配置合适的通信协议;熟练解析各类协议的报文结构、数据模型及通信流程,有效诊断并解决通信故障;精通 Modbus 协议主从站功能的编程实现,能够利用 socket 库、paho-mqtt 等工具实现基于 TCP/UDP 或 MQTT 协议的工业数据采集与模拟,提升通信系统的开发与维护能力。

【素质目标】

具备创新思维,能够针对复杂工业通信问题提出创新解决方案,推动技术进步;树立高度的安全意识,掌握工业通信安全技术与措施,确保信息传输的安全可靠;养成自主学习和持续学习的习惯,关注工业通信技术的最新发展,不断提升个人专业素养,适应行业快速变化的需求。

3.1 工业现场总线协议

3.1.1 工业现场总线协议

工业现场总线协议是用于工业自动化系统中不同设备(如传感器、执行器、控制器)之间的数据通信和控制的标准化通信协议。它们提供了在工厂车间、制造环境等场景中将分布式设备连接在一起的方式,允许实时传输数据、协调控制并提高系统整体的稳定性和效率。

工业现场总线协议的特点如下。

(1) 有线通信:大多数工业现场总线协议采用有线方式进行通信,以确保高稳定性、抗干扰能力和实时性。

(2) 实时性要求:工业现场总线通常用于控制过程,因此要求低延迟、快速响应。

（3）抗干扰能力：工业环境通常存在电磁干扰,有线通信比无线通信具有更好的抗干扰性能。

（4）支持多种拓扑结构：如线形、星形、树形等,适应不同的工业应用场景。

一些常见的工业现场总线协议有 Modbus 协议、CAN 协议、PROFIBUS 协议及 EtherCAT 协议。

3.1.2　Modbus 协议

Modbus 是一种广泛应用于工业自动化和控制系统的通信协议,由莫迪康（Modicon,现在是施耐德电气的一部分）在 1979 年推出。它是一种基于主/从（主站/从站）架构的协议,最初用于在 PLC（可编程逻辑控制器）之间进行通信,现在广泛用于连接各种设备,如传感器、执行器、HMI（人机界面）和其他工业设备。Modbus 协议主要有以下几种类型。

（1）Modbus RTU：基于串行通信（如 RS-232、RS-485）。

（2）Modbus ASCII：基于串行通信,采用 ASCII 码传输信息。

（3）Modbus TCP/IP：基于以太网,数据通过 TCP/IP 传输。

（4）Modbus Plus：一种 Modicon 专有的网络协议。

本节主要介绍 Modbus RTU 和 Modbus TCP/IP 两种类型。

1. Modbus 通信架构

Modbus 是一种主/从（master/slave）通信协议,主站（master）设备通常是计算机、PLC 或 HMI,而从站（slave）设备可以是传感器、执行器、I/O 模块等。

（1）主站（master）：负责发起通信请求,读取或写入从站的数据。

（2）从站（slave）：被动响应主站的请求,返回数据或执行命令。

在一个 Modbus 网络中,可以有一个主站和多个从站。从站在接收到主站的请求后执行操作,并将结果返回给主站。

2. Modbus 数据模型

Modbus 协议定义了四种基本数据类型,每种类型都有各自的地址范围。

（1）线圈（coils）：单个位的可读/写数据,通常用于表示开关、继电器等状态。

（2）离散输入（discrete inputs）：单个位的只读数据,通常用于采集输入状态,如传感器信号。

（3）输入寄存器（input registers）：16 位的只读寄存器,通常用于采集模拟量数据,如温度、压力等。

（4）保持寄存器（holding registers）：16 位的可读/写寄存器,通常用于存储设备参数、设置值等。

3. Modbus 通信报文

Modbus 协议中的每次通信都是通过报文（message）实现的。报文由以下部分组成。

1）Modbus RTU 报文结构

Modbus RTU 是一种二进制通信协议,具有较高的通信效率。其报文结构如下。

（1）地址字段（1 字节）：标识目标从站设备的地址,范围为 1～247。地址 0 通常用于广播通信（无应答）。

（2）功能码（1 字节）：指定主站请求的操作,如读取线圈、写入寄存器等。

(3) 数据字段（N 字节）：根据功能码的不同，包含具体的操作参数（如寄存器地址、数量、数据值等）。

(4) 错误校验码（2 字节）：通常使用 CRC（循环冗余校验）进行错误检测。

例如，RTU 报文（读取保持寄存器）结构如下。

① 地址：0x01。

② 功能码：0x03（读取保持寄存器）。

③ 数据字段：0x0000 0x0002（读取寄存器起始地址 0，读取 2 个寄存器）。

④ CRC 校验：0xC40B。

⑤ 完整报文：01 03 00 00 00 02 C4 0B。

2）Modbus TCP/IP 报文结构

Modbus TCP/IP 报文基于以太网 TCP/IP 协议，适用于网络通信。其报文结构如下。

(1) MBAP（modbus application protocol）报头（7 字节）如下。

① 事务标识符（2 字节）：用于唯一标识请求/响应对。

② 协议标识符（2 字节）：通常为 0，表示 Modbus 协议。

③ 长度字段（2 字节）：指示后续数据的长度。

④ 单元标识符（1 字节）：通常用于标识从站地址。

(2) 功能码（1 字节）：与 RTU 相同，指定请求的操作。

(3) 数据字段（N 字节）：包含具体的操作参数。

例如，TCP 报文（读取保持寄存器）结构如下。

① MBAP 报头：00 01 00 00 00 06 01。

② 功能码：0x03。

③ 数据字段：0x0000 0x0002。

④ 完整报文：00 01 00 00 00 06 01 03 00 00 00 02。

3）Modbus 功能码

Modbus 协议定义了一系列功能码，主站通过这些功能码向从站发出指令。常用的功能码如表 3-1 所示。

表 3-1　Modbus 常见的功能码

功能码	描　　述
0x01	读取线圈状态（read coils）
0x02	读取离散输入状态（read discrete inputs）
0x03	读取保持寄存器（read holding registers）
0x04	读取输入寄存器（read input registers）
0x05	写单个线圈（write single coil）
0x06	写单个保持寄存器（write single register）
0x0f	写多个线圈（write multiple coils）
0x10	写多个保持寄存器（write multiple registers）

4. Modbus 通信过程

Modbus 通信过程分为两个主要步骤：请求和响应。

(1) 请求：主站发送请求报文到指定的从站。请求中包含功能码、数据地址、要读取或写入的数据量等。

（2）响应：从站接收到请求后，执行相应的操作，并将结果（或错误信息）封装成响应报文返回给主站。

① 示例过程：主站想读取从站地址 1 上的保持寄存器 0 和 1 的值。

② 主站发送请求：01 03 00 00 00 02 C4 0B。

从站执行操作，将寄存器值封装为响应报文，例如，01 03 04 00 0A 00 14 8E 1A。其中，功能码 0x03，4 字节数据，寄存器 0 的值为 0x000A，寄存器 1 的值为 0x0014。

5．错误处理

Modbus 定义了错误响应的机制。如果从站无法执行主站的请求，它将返回一个错误报文，其中功能码的最高位被置为 1，表示错误，随后是一个异常码。异常码示例如下。

0x01：非法功能（非法功能码）。

0x02：非法数据地址（数据地址无效）。

0x03：非法数据值（数据值无效）。

示例错误响应：01 83 02 表示地址为 1 的从站返回了一个非法数据地址错误（异常码0x02）。

6．Modbus 应用场景

（1）工业自动化：PLC、传感器、执行器之间的数据交换和控制。

（2）楼宇自动化：空调、照明、安防系统的监控和控制。

（3）能源管理：电力监测设备、太阳能控制器等设备的数据采集和监控。

Modbus 是一种简单、可靠的通信协议，广泛应用于工业控制系统。其主要优势在于其开放性和多设备支持。通过功能码、地址和数据的组合，Modbus 提供了灵活的数据传输和控制方式。虽然 Modbus 协议本身缺乏加密和身份验证机制，但在封闭网络中应用较广泛。

3.1.3 CAN 协议

CAN(controller area network，控制器局域网络)协议是一种多主总线型通信协议，最初由博世公司(Bosch)在 20 世纪 80 年代为汽车内部的实时通信设计，如今广泛用于汽车电子、工业自动化、医疗设备和航空电子等领域。CAN 协议以其高可靠性、实时性和抗干扰能力而著称。它采用差分信号的物理层和事件驱动的仲裁机制，确保通信的高效性和稳定性。

1．CAN 协议的基本特征

（1）多主结构：CAN 是一种多主通信协议，网络上的任何节点都可以主动发送数据帧。总线的仲裁机制保证了通信的有序进行。

（2）事件驱动：CAN 总线允许任意节点在检测到事件（如传感器状态变化）时主动发起通信，这种机制确保了网络的实时性。

（3）高可靠性：CAN 协议提供错误检测、错误通知和错误恢复功能，确保数据的可靠传输。

（4）差分信号：CAN 总线使用 CAN_H 和 CAN_L 两条线路进行差分信号传输，抗干扰能力强，适合在电磁噪声较大的工业环境中使用。

2．CAN 数据链路层

CAN 协议的数据链路层负责定义帧的结构、仲裁机制、错误处理和校验等功能。CAN

数据链路层使用消息传递方式,帧结构包括标准帧和扩展帧两种。

1)帧类型

CAN协议定义了以下几种帧类型。

(1)数据帧(data frame):用于传输实际的数据。它包含标识符(identifier)、数据长度、数据字段和校验字段等。

(2)远程帧(remote frame):用于请求其他节点发送特定标识符的数据帧。其结构类似于数据帧,但不包含数据字段。

(3)错误帧(error frame):当节点检测到错误时发送,用于通知总线上其他节点通信错误。

(4)过载帧(overload frame):用于通知总线暂时无法处理下一帧,通常由接收器在处理数据时需要更多时间时发送。

2)数据帧结构

数据帧是CAN总线的主要通信载体,它的结构可以分为以下几部分。

(1)起始位(start of frame,SOF):表示帧的开始,通知总线其他节点一个数据帧即将发送。

(2)标识符:定义了消息的优先级和类型。

(3)标准帧:11位标识符。

(4)扩展帧:29位标识符,由11位基本标识符和18位扩展标识符组成。标识符越小,优先级越高。在多节点同时发送数据的情况下,标识符用于总线仲裁,优先级高的节点占用总线,其他节点进入等待状态。

(5)控制字段(control field):包含6位数据长度码(data length code,DLC),指示数据字段的字节数(0~8字节)。

(6)数据字段(data field):包含实际传输的数据,长度为0~8字节。

(7)循环冗余校验(cyclic redundancy check,CRC):包含15位CRC校验和1位CRC确认位,用于检测数据传输过程中是否出错。

(8)应答字段(acknowledge field,ACK):由接收节点设置,用于确认接收到的帧数据。包括1位应答位和1位应答分隔位。任何正确接收数据的节点都会将应答位置为显性位。

(9)结束位(end of frame,EOF):7位,表示帧的结束。

3)标准帧与扩展帧

(1)标准帧:具有11位标识符,适合网络中节点较少的情况。

(2)扩展帧:具有29位标识符,可用于需要更多标识符的复杂系统中。扩展帧在结构上多了一个18位的扩展标识符部分。

3. CAN线仲裁

CAN使用一种基于标识符的仲裁机制。当多个节点同时试图发送数据帧时,CAN总线会根据帧的标识符进行仲裁,标识符值较小(优先级较高)的帧将获得总线的使用权。仲裁过程如下。

(1)所有节点监视总线状态并检测总线冲突。

(2)在发送过程中,节点每发送一位数据都会监测总线状态。如果某个节点检测到总线上发送的位与自己发送的位不同(如发送的是显性位而检测到的是隐性位),它将停止发送,这个过程称为"丢弃"。

（3）具有最高优先级（标识符值最小）的节点在仲裁过程中获胜并继续发送数据,其他节点进入等待状态。

这种仲裁机制确保了高优先级的消息能优先发送,实现实时性和可靠性。

4. CAN 的错误处理

CAN 协议具有以下强大的错误处理机制。

（1）位错误：发送节点在发送过程中检测到总线上与自己发送的位不同。

（2）填充错误：当连续 5 位相同状态的位出现时,接收节点检测到填充错误。

（3）CRC 错误：接收节点计算的 CRC 与发送节点附带的 CRC 不匹配。

（4）帧错误：接收节点检测到帧格式错误。

（5）应答错误：发送节点未接收到任何节点的应答。

（6）错误通知：当节点检测到错误时,它会立即发送错误帧,通知总线上其他节点发生了错误。

（7）错误恢复：CAN 节点具有错误计数器（发送错误计数器和接收错误计数器）。根据错误计数器的状态,节点可能进入被动错误状态或总线关闭状态。错误恢复机制使得节点可以在一段时间后重新尝试通信。

5. CAN 的传输速率和距离

CAN 总线的传输速率和通信距离之间成反比关系。常见的 CAN 传输速率和最大传输距离关系如表 3-2 所示。

表 3-2　常见的 CAN 传输速率和最大传输距离

传输速率/(kb/s)	最大传输距离/m
1000	40
500	100
250	250
125	500
50	1000

通信距离越远,允许的最大传输速率越低,以确保信号的完整性。

6. CAN 应用层协议

CAN 是一种数据链路层协议,不规定应用层协议。为了实现更高级别的功能,CAN 协议通常与以下应用层协议一起使用。

（1）CANopen：广泛应用于工业自动化和控制系统,提供设备配置和通信管理。

（2）J1939：用于商用车辆和重型设备（如卡车、拖拉机）,定义了车辆网络中的消息格式和应用。

（3）DeviceNet：用于工业自动化网络,提供设备间的通信和管理。

7. CAN FD 协议

为满足更高的数据速率和更大的数据负载,CAN 协议的升级版本 CAN FD（CAN with flexible data-rate）协议被引入。CAN FD 协议在标准 CAN 协议的基础上引入了以下改进。

（1）数据长度：CAN FD 支持的数据帧长度最多可以达到 64 字节,而标准 CAN 数据帧最长仅 8 字节。

（2）数据速率：在数据帧的传输过程中，CAN FD 可以动态调整数据段的传输速率，实现更高的通信速率。

8. CAN 协议的应用场景

（1）汽车电子：CAN 协议被广泛用于车辆内部各种子系统之间的通信，如发动机控制单元（ECU）、安全气囊系统、制动系统（ABS）、车窗控制等。

（2）工业自动化：用于连接传感器、执行器、PLC 等设备，实现实时控制和数据交换。

（3）医疗设备：用于医疗仪器内部模块间的通信，如监护仪、超声设备等。

（4）航空航天：用于飞机内部电子设备间的可靠通信。

CAN 协议以其高可靠性、实时性和抗干扰能力成为嵌入式和工业系统中广泛采用的通信标准。其事件驱动的仲裁机制和强大的错误处理能力确保了通信的稳定和有效。

3.1.4 PROFIBUS 协议

PROFIBUS（process field bus）协议是一种开放式的现场总线标准，主要用于自动化和控制系统中的数据通信。它于 1989 年由德国的现场总线用户组织推出，目前广泛应用于工厂自动化、过程自动化、运动控制和楼宇自动化等领域。

PROFIBUS 协议提供实时通信能力，可将控制系统中的控制器（PLC、DCS）与传感器、执行器等现场设备连接在一起，实现数据传输、监控和控制。该协议具有高可靠性、实时性和多样化的拓扑结构，适用于复杂的工业控制网络。

1. PROFIBUS 的主要类型

PROFIBUS 主要有以下两种类型，分别针对不同的应用场景。

1）PROFIBUS-DP（PROFIBUS-decentralized peripherals）

用于工厂自动化，尤其适合高速数据传输，常用于连接传感器、执行器、I/O 模块等分布式外围设备。传输速率可达 12Mb/s，通信距离可达数百米（取决于传输速率）。

2）PROFIBUS-PA（PROFIBUS-process automation）

用于过程自动化，适用于化工、石油、天然气等过程工业。主要用于连接传感器和执行器。使用物理层总线供电，可在危险环境中工作（防爆能力）。传输速率较低，通常为 31.25kb/s，但通信距离可以达到 1900m。

2. 通信架构

PROFIBUS 是一种多主/从（multi-master/slave）通信协议。网络中可以有多个主站和从站，并且支持以下两种通信模式。

（1）主/从通信：主站（通常是 PLC、DCS 或 PC）负责发起通信，从站（如传感器、执行器等）响应主站的请求。PROFIBUS-DP 主要采用这种通信方式。

（2）主/主通信：PROFIBUS 支持多主站，主站之间可以相互通信，以实现复杂的控制功能。

3. PROFIBUS-DP 的数据链路层

1）数据传输模式

（1）轮询传输：主站定期轮询从站，检查从站状态或获取数据。

（2）广播和多播：主站可以通过广播发送数据给所有从站，或通过多播发送数据给特定的一组从站。

2）通信过程

PROFIBUS-DP使用主/从通信机制，主站与每个从站通信的过程可以分为以下几个步骤。

（1）初始化：主站向从站发送初始化命令，以确定从站的状态。

（2）数据交换：主站发送数据请求命令，从站接收到请求后，返回相应的数据。数据传输可以是输入数据（从站发送给主站）或输出数据（主站发送给从站）。

（3）诊断：主站可以定期请求从站状态信息，检查从站的健康状态（如通信错误、设备故障等）。

3）帧结构

PROFIBUS数据传输的基本单元是帧。帧结构包括以下字段。

（1）起始定界符：表示帧的开始，通常为1字节。

（2）地址字段：包括目标地址和源地址，用于标识数据的发送方和接收方。

（3）控制字段：包含功能码和通信控制信息，用于指定请求的类型（如读、写、诊断等）。

（4）数据字段：包含实际的数据，可能是控制命令、状态信息或设备数据。

（5）循环冗余校验（CRC）：用于错误检测，确保数据在传输过程中不被篡改。

4. PROFIBUS-PA的物理层和数据链路层

PROFIBUS-PA采用IEC 61158-2标准作为物理层，使用两线制总线进行通信和供电。

物理层采用MBP（manchester bus powered）编码，可在一对双绞线上进行数据传输并为现场设备供电。

数据链路层与PROFIBUS-DP类似，采用主/从通信方式，但具有防爆特性，适合在危险环境（如化工厂）中使用。

5. PROFIBUS的传输介质和拓扑结构

1）传输介质

PROFIBUS使用屏蔽的双绞线（RS-485）进行数据传输，确保在工业环境中的抗干扰能力。PROFIBUS-PA使用IEC 61158-2标准的总线供电系统，使用两线制进行通信和供电。

2）拓扑结构

PROFIBUS支持多种网络拓扑，如线形、树形和星形。最常见的是线形拓扑，即设备通过双绞线串联在总线上。

为确保信号完整性，线形拓扑的两端需要安装终端电阻（通常为220Ω）。

6. GSD文件

GSD（general station description）文件是描述PROFIBUS设备特性和配置的文件，包含设备的通信参数、I/O数据结构和功能列表。每个PROFIBUS从站设备都有一个GSD文件，主站通过读取GSD文件了解从站的功能和通信配置。

（1）内容：GSD文件包括设备的名称、ID、支持的波特率、输入输出数据格式、诊断信息等。

（2）使用：主站设备（如PLC）在组态时导入从站设备的GSD文件，以便与从站进行正确的通信。

7. 数据传输速率和距离

PROFIBUS-DP 的传输速率范围较广,从 9.6kb/s 到 12Mb/s。传输速率与通信距离成反比关系,速率越高,通信距离越短。常见的传输速率和最大传输距离如表 3-3 所示。

表 3-3　PROFIBUS-DP 的传输速率和最大传输距离

传输速率/(kb/s)	最大传输距离/m
9.6	1200
187.5	1000
500	400
1500	200
12000	100

PROFIBUS-PA 的传输速率较低,固定为 31.25kb/s,适合长距离和恶劣环境中的设备通信。

8. PROFIBUS 的诊断和错误处理

PROFIBUS 协议提供了丰富的诊断和错误处理机制,如下所述。

(1)设备诊断:主站可以请求从站的状态信息,从站将返回设备的健康状态、故障信息等。

(2)错误检测:通过 CRC 校验、帧检查等机制检测通信中的错误。

(3)网络监控:通过主站的组态软件监控整个 PROFIBUS 网络的通信状态,及时发现和定位通信故障。

9. PROFIBUS 与其他协议的对比

Modbus 是一种更简单的协议,适用于小规模、低速率的数据通信。相比之下,PROFIBUS 支持更高的速率和更复杂的设备通信。

EtherCAT 是一种实时以太网协议,适用于高速运动控制。PROFIBUS-DP 在实时性上虽然不如 EtherCAT,但在工厂和过程自动化中应用更为广泛。

10. 应用场景

(1)工厂自动化:PROFIBUS-DP 常用于连接 PLC、I/O 模块、传感器、执行器等设备,实现生产线自动化控制。

(2)过程自动化:PROFIBUS-PA 适用于化工、石油、天然气等行业,连接测量仪表、阀门等过程控制设备。

(3)楼宇自动化:用于监控和控制楼宇中的暖通空调、安防、照明等系统。

11. PROFIBUS 的发展

PROFINET 是 PROFIBUS 的"继任者",基于以太网的实时通信协议,提供更高的带宽和灵活性。但 PROFIBUS 仍然在许多工业领域广泛使用,特别是对于需要高可靠性和确定性通信的环境。

PROFIBUS 是一种高性能、灵活且可靠的工业现场总线协议,广泛应用于工厂和过程自动化中。它通过标准化的通信协议和多种拓扑结构,为工业控制系统提供了强大的数据传输和设备控制能力。尽管以太网协议(如 PROFINET)逐渐兴起,PROFIBUS 仍然是许多工业场景中的首选通信协议。

3.1.5 EtherCAT 协议

EtherCAT(Ethernet for control automation technology)是一种基于以太网的实时通信协议,由德国 Beckhoff 公司于 2003 年推出。它以其超高性能、灵活的拓扑结构和简单的配置而闻名,在工业自动化、运动控制和机器人等领域得到广泛应用。

1. EtherCAT 的主要特征

(1) 高速实时性:EtherCAT 是目前最具实时性的工业以太网协议之一,能够以亚微秒级的时间周期实现实时数据传输。其通信周期时间通常小于 $100\mu s$,适用于多轴运动控制、精密加工等对实时性要求极高的场景。

(2) 灵活的拓扑结构:EtherCAT 支持多种拓扑,包括线形、树形、星形和环形结构,甚至可以在一个网络中混合使用。这种灵活性使得 EtherCAT 网络在工业环境中非常易于布线和扩展。

(3) 高效的数据传输:EtherCAT 的最大特点是其 on-the-fly 处理方式,数据帧在传输过程中直接由节点设备读取和写入,避免了传统以太网协议中需要完整接收数据帧后再处理的延迟,大幅提高了数据传输效率。

(4) 低成本:EtherCAT 使用标准的以太网硬件(如以太网接口芯片、网线),不需要特殊的通信芯片。同时,协议本身是开放的,减少了开发和维护成本。

2. EtherCAT 通信原理

1) on-the-fly 数据处理

EtherCAT 数据帧采用一种独特的 on-the-fly 处理方式,即数据帧在经过每个节点时,节点可以实时读/写数据,而不必等待数据帧的完整接收。这个过程极大地提高了数据传输效率和实时性。帧传输过程如下。

(1) 主站设备将数据帧发送到网络中。

(2) 数据帧在通过从站节点时,节点可以直接读取属于自己的数据,并将自己的数据写入帧中。

(3) 数据帧在网络末端返回到主站,主站处理已填充了数据的帧。

这种处理方式避免了传统以太网通信中的数据延迟,使得 EtherCAT 能够实现超高速的实时通信。

2) 数据帧结构

EtherCAT 基于以太网协议,在 IEEE 802.3 标准帧中嵌入了 EtherCAT 数据。其帧结构包括以下部分。

(1) 以太网报头:标准的以太网帧头部,包括目标 MAC 地址、源 MAC 地址和以太网类型字段。EtherCAT 的以太网类型为 0x88A4。

(2) EtherCAT 数据单元(EtherCAT data unit,EDU):包含多个 EtherCAT 数据段(EtherCAT datagram),每个数据段包括命令、地址、数据长度、数据和工作计数器。

(3) 命令:指定数据段的类型(如读、写、广播等)。

(4) 地址:用于确定数据在从站中的位置。

(5) 数据:实际传输的数据信息。

(6) 工作计数器:用于确认数据被正确传输和处理。

（7）帧校验序列（frame check sequence，FCS）：用于校验数据帧在传输过程中是否发生错误。

3）通信周期

EtherCAT 的通信是基于主站轮询方式的实时通信。主站在每个通信周期中发送一个数据帧，该帧在所有从站中依次传递并返回主站，完成整个网络的状态更新。由于数据帧在传输过程中被节点实时读/写，EtherCAT 实现了极短的通信周期，通常为 100μs 甚至更短。

3. EtherCAT 数据传输方式

EtherCAT 支持以下数据传输方式。

（1）过程数据传输：实时传输控制和状态数据，如传感器读取值、执行器控制命令等。过程数据传输中，数据直接在数据帧中传输，实现高速通信。

（2）服务数据传输：用于传输配置和诊断信息，主要在初始化阶段配置从站参数，或在运行中进行诊断。由于服务数据传输通信需要请求-应答机制，传输速率相对较慢。

4. EtherCAT 的拓扑结构

EtherCAT 支持灵活的拓扑结构，包括以下几种。

（1）线形（line）：所有从站设备串联在一起，适合简化布线。终端可以直接回到主站，形成环网。

（2）树形（tree）：通过分支节点（分线盒）将主干网络分支成多个子网。

（3）星形（star）：使用星形分线盒，将多个从站连接到中心节点。

（4）环形（ring）：将网络的末端连接回主站，形成一个闭环。环形拓扑提供冗余通信路径，在某个节点或线路故障时，网络仍然可以继续运行。

灵活的拓扑结构使 EtherCAT 非常适用于复杂的工业环境。

5. EtherCAT 的时间同步

EtherCAT 支持高精度的分布式时钟（distributed clock，DC）机制，可以将所有从站的时钟同步到一个全局时钟，误差在纳秒级。这个特性非常适合用于对时间同步要求严格的场景，如多轴运动控制和同步采样系统。

同步原理：主站周期性地发送时间同步消息，将全局时间信息传递给从站；从站根据主站的全局时间调整自己的本地时钟，使整个网络中的所有节点都保持同步。

6. EtherCAT 的错误检测和诊断

EtherCAT 提供多种错误检测和诊断机制，以确保通信的可靠性。

（1）CRC 校验：每个 EtherCAT 数据帧包含 CRC 校验，用于检测数据在传输过程中的错误。

（2）工作计数器：每个数据段的工作计数器用于确认数据的传输和处理是否正确。主站可以通过检查工作计数器的值判断从站是否正常响应。

（3）诊断信息：EtherCAT 从站支持诊断信息的传输，主站可以定期读取从站的诊断信息，以检测设备状态和网络故障。

7. EtherCAT 的设备配置

EtherCAT 网络中的每个从站设备都有一个独立的描述文件，称为 ESI（EtherCAT slave information）文件，类似于 PROFIBUS 的 GSD 文件。ESI 文件以 XML 格式存储，包含从站的设备信息、通信参数、支持的功能等。

ESI 文件内容包括设备名称、类型、输入输出参数、同步配置等。

主站配置：在组态软件（如 Beckhoff 的 TwinCAT）中导入 ESI 文件，可以自动识别从站设备，并进行配置和组态。

8. EtherCAT 与其他协议的对比

EtherCAT 与其他协议的对比如表 3-4 所示。

表 3-4　EtherCAT 与其他协议的对比

特 性	EtherCAT	PROFIBUS	Modbus TCP
实时性	极高，亚微秒级	高，毫秒级	较低，取决于 TCP/IP 网络
传输速率	高达 100Mb/s	高达 12Mb/s	取决于以太网速率（通常在 100Mb/s 以上）
拓扑结构	线形、树形、星形、环形	线形、树形、星形	星形
硬件成本	低（使用标准以太网硬件）	较高（专用接口和芯片）	低（基于以太网硬件）
时间同步	纳秒级同步	不支持	不支持

9. EtherCAT 的应用领域

由于其高实时性、灵活的拓扑结构和可靠的通信机制，EtherCAT 广泛应用于以下领域。

（1）工业自动化：多轴运动控制、机器人控制、CNC 机床控制、生产线设备的精确同步。

（2）测量和测试：高速数据采集、精密测量仪器同步采样。

（3）汽车测试：车辆测试设备的实时控制和数据采集。

（4）新能源：风力发电、太阳能光伏系统中的控制和监测。

10. EtherCAT 的发展

EtherCAT 由 EtherCAT Technology Group（ETG）负责维护和推广，ETG 是全球最大的工业以太网用户组织。EtherCAT 协议开放且无版权费，这使得越来越多的设备制造商和系统集成商支持和采用 EtherCAT。

EtherCAT 是一种高性能、实时性极强的工业以太网协议，因其高效的 on-the-fly 数据处理方式、灵活的拓扑结构和高精度的时间同步能力，成为工业自动化、运动控制和精密测量领域的理想选择。其开放的协议和低成本的实现方式，使得 EtherCAT 在工业通信中得到广泛的应用。

3.2　工业无线通信协议

工业无线通信协议广泛应用于工业自动化、过程控制、物联网（IoT）等领域，以支持设备和传感器之间的无线通信。这些协议需要在可靠性、实时性、范围、安全性和能耗之间进行权衡，以满足各种工业场景的需求。

工业无线通信协议的选择取决于具体应用需求，如通信距离、带宽、实时性、功耗和网络拓扑。常见的协议如 WirelessHART、ZigBee、Wi-Fi 适合不同的工业自动化和过程控制应用，而 LoRa、NB-IoT、Sigfox 等低功耗广域网络（LPWAN）通信技术适合远距离、低功耗的物联网场景。对于需要高带宽和低延迟的应用,LTE/5G 是未来工业通信的重要选择。

3.2.1　工业 Wi-Fi

工业 Wi-Fi(IEEE 802.11 系列)是一种广泛应用于工业自动化和控制系统的无线通信技术,提供高数据传输速率、广泛的覆盖范围和灵活的网络拓扑结构。与消费级 Wi-Fi 不同,工业 Wi-Fi 经过特殊优化,以满足工业环境中的严苛需求,包括高可靠性、低延迟、安全性、抗干扰能力等。以下是工业 Wi-Fi 的详细特性。

1) 可靠性和鲁棒性

(1) 抗干扰能力:工业环境中常有大量的电磁干扰,如来自电机、电焊设备和其他无线设备的干扰。工业 Wi-Fi 设备通常具有更高的抗干扰能力,利用先进的调制技术,如正交频分复用(OFDM)、多输入多输出(MIMO)和动态频率选择(DFS)等,确保稳定的数据传输。

(2) 冗余和无缝漫游:支持无缝漫游,确保移动设备在不同的接入点之间切换时,通信不会中断。这在大型工厂或仓库中非常重要,可以确保数据的连续性和实时性。

2) 安全性

(1) 加密:工业 Wi-Fi 一般使用高级加密标准(AES)、WPA3 等加密技术,保障数据的机密性。

(2) 认证:支持多种身份认证方式,包括基于证书的 EAP-TLS、RADIUS 服务器认证,防止未经授权的设备接入网络。

(3) 网络隔离:通过虚拟局域网(VLAN)、访问控制列表(ACL)等网络隔离技术,防止内部网络的不同区域互相干扰,提升安全性。

3) 高数据速率

工业 Wi-Fi 支持高达数百兆比特每秒(Mb/s)甚至数吉比特每秒(Gb/s)的传输速率,适合需要大数据量传输的应用,如实时视频监控、工业机器人控制、生产线数据采集等。

4) 灵活的网络拓扑

支持多种网络拓扑,包括点对点、点对多点、星形、网状(mesh)等,适应不同规模和需求的工业应用场景。

网状网络拓扑尤其适合在大面积的工业环境中部署,具备自组织、自愈的特性,提高网络的可用性和覆盖范围。

5) 覆盖范围和传输距离

一般工业 Wi-Fi 的传输范围可达数十至数百米,具体取决于使用的频段、天线增益和功率。使用 2.4GHz 频段时,覆盖范围广但易受干扰;5GHz 频段虽然穿透力较弱,但提供更高的带宽和较少的干扰。

6) 工业级硬件

工业 Wi-Fi 设备通常具有防尘、防水、抗震等特性,适应恶劣的工业环境。

设计上支持更宽的工作温度范围(-40~85℃)和更高的湿度容忍度,保证设备在极端条件下的稳定运行。

3.2.2　LoRa

LoRa(long range)和 LoRaWAN(long range wide area network)是物联网应用中广泛

使用的 LPWAN 通信技术,尤其适用于工业环境中的远距离、低数据速率和低功耗通信需求。LoRa 是物理层调制技术,而 LoRaWAN 是基于 LoRa 的网络协议,负责管理网络层通信。工业 LoRa/LoRaWAN 常用于需要长距离通信的场景,如远程监控、数据采集和设备状态追踪。

1. LoRa 和 LoRaWAN 的区别

LoRa 是一种无线调制技术,基于扩频调制(chirp spread spectrum,CSS),用于长距离无线通信。它工作在免许可的 ISM 频段(如 433MHz、868MHz 和 915MHz),具备抗干扰能力强、传输距离远的特点。

LoRaWAN 是在 LoRa 调制基础上建立的网络层协议,定义了设备如何连接到网络、如何进行通信和管理。LoRaWAN 提供了网络架构、设备入网和身份认证机制,支持集中式的云服务器管理。

2. LoRaWAN 网络架构

(1)终端设备:工业传感器、仪器等设备,配备 LoRa 模块,通过 LoRa 无线调制技术将数据发送至网关。终端设备可以是传感器节点、执行器或数据采集设备。

(2)网关:负责接收终端设备的无线数据并将其转发至网络服务器。网关通常连接到互联网,通过以太网、Wi-Fi 或蜂窝网络与中央服务器通信。

(3)网络服务器:负责数据的处理、存储和设备的身份认证。网络服务器通常位于云端,可通过 API 将数据提供给用户应用。

(4)应用服务器:最终用户通过应用服务器访问和处理设备数据。应用服务器可以执行数据分析、远程控制和实时监控等任务。

3. LoRaWAN 工作机制

(1)入网机制:终端设备通过唯一标识(DevEUI)和应用密钥(AppKey)加入 LoRaWAN 网络。入网方式分为预先分配(ABP)和动态加入(OTAA)两种。OTAA 方式更安全,终端设备每次加入时都会进行动态密钥协商。

(2)通信方式:LoRaWAN 使用星形拓扑结构,终端设备通过单播或广播的方式与网关通信。通信分为 A 类(最低功耗)、B 类(定时通信)、C 类(实时性最高)三种模式。

(3)信道规划:使用多个信道进行通信,每个信道具有不同的频率和带宽,支持自适应数据速率(ADR)功能,动态调整通信速率以适应网络状况。

4. LoRa/LoRaWAN 的特点

1)长距离通信

LoRa 技术在视距条件下的通信距离可达 15～20km,在城市和工业环境中也可达数千米。远距离的通信能力使其非常适合于远程工业应用,如油田监测、农场环境监测和智慧城市应用。

2)低功耗

LoRa 的低功耗特性使其非常适合电池供电的设备。终端设备可在待机模式下保持极低的功耗,只有在需要通信时才唤醒进行数据传输,从而使电池寿命长达数年。

3)低数据速率

LoRaWAN 的通信数据速率范围为 0.3～50kb/s,适用于传输小数据包,例如传感器数据、状态信息等。低数据速率也使其具有更强的抗干扰能力,适用于嘈杂的工业环境。

4）频段

LoRa 在全球使用免许可的 ISM 频段（例如，433MHz、868MHz 和 915MHz），这意味着用户可以免费使用该技术，但需要遵循各个国家的频谱使用规定。

5）抗干扰能力

LoRa 的 CSS 调制技术具有强大的抗干扰能力，即使在嘈杂的工业环境中，仍能保持稳定的通信。它利用了扩频和前向纠错机制，能有效抵抗多径干扰和其他信号的影响。

6）安全性

LoRaWAN 使用 128 位 AES 加密，确保设备与网络之间的数据通信安全。它采用两级密钥体系：网络会话密钥（NwkSKey）用于设备与网络服务器的通信，应用会话密钥（AppSKey）用于设备与应用服务器之间的数据加密。

7）易于部署和扩展

LoRaWAN 的星形拓扑结构使网络部署相对简单，只需安装网关和连接终端设备。终端设备可以自由加入和退出网络，具备很强的可扩展性。

工业 LoRa/LoRaWAN 应用场景：远程设备监测和状态反馈。在石油、天然气和化工领域，LoRaWAN 用于监测设备的运行状态，如管道的压力、温度和流量。安装在远程油田和管道上的传感器通过 LoRaWAN 网络将数据发送至中央控制系统，帮助运营人员实时掌握设备状态并及时处理异常情况。

例如，油田中的压力传感器将压力数据通过 LoRaWAN 网络发送至中央服务器，当检测到异常时，系统会自动向维护人员发送报警信息。

工业 LoRa/LoRaWAN 凭借其长距离、低功耗、抗干扰和易于部署的特点，广泛应用于远程监控、环境监测、工业资产追踪和智慧农业等领域。通过在免许可的 ISM 频段中通信，并利用多级加密技术，LoRaWAN 确保了数据的安全和可靠传输，为工业物联网应用提供了有效的通信解决方案。

3.2.3 5G

5G 网络是第五代移动通信技术，为工业互联网和工业 4.0 提供了高可靠性、超低时延、大连接和高速数据传输等关键特性。5G 的引入不仅推动消费级通信的发展，更重要的是为工业生产、智慧城市、智能交通、医疗等垂直行业提供了革命性的新型通信解决方案。以下是 5G 网络的详细特性及其在工业中的应用。

1. 5G 网络的主要特性

（1）高带宽：5G 网络的数据传输速率可高达 10Gb/s，比 4G 网络快约 100 倍。这使得 5G 可以处理大量的数据流，如高清视频、虚拟现实（VR）、增强现实（AR）和机器视觉等工业应用场景所需的大规模数据传输。

（2）超低时延：5G 的时延可低至 1ms，远低于 4G 网络的 20～50ms。这种超低时延对于工业自动化和实时控制系统至关重要，例如，工业机器人操作、自动驾驶、远程医疗手术等。

（3）海量连接：5G 支持每平方千米多达 100 万台设备的连接，满足工业物联网中对大量传感器、设备和机器人的连接需求。5G 的设备密度远高于 4G，为工业环境中的多设备接入提供了技术保障。

（4）高可靠性：5G 具备超高的网络可靠性，目标是实现 99.999% 的网络可用性，保证关键工业应用的通信稳定。可靠性是工业生产中不可或缺的特性,例如在自动化生产线、工业机器人控制和电网管理中。

(5)网络切片:5G 网络支持网络切片技术,即将物理网络划分为多个虚拟网络,以满足不同应用的特定需求。每个切片可以提供特定的带宽、时延和安全性要求。对于工业应用,网络切片允许创建专用网络以确保通信质量,例如将一个切片用于机器人控制,另一个用于工厂监控。

(6)边缘计算:5G 网络与边缘计算相结合,可以在靠近数据源的地方(如工厂、车间)执行数据处理,减少数据传输的时延,提高实时性。边缘计算有助于处理大量的工业数据,实现实时监控和响应。

2. 5G 在工业中的应用场景

1)应用 1:工业自动化与控制

(1)工业机器人控制:5G 的超低时延和高可靠性特性使得工业机器人可以实现精确的实时控制。机器人可以通过 5G 网络与中央控制系统进行实时通信,执行复杂的操作任务,如精密装配、焊接和加工。

(2)柔性制造:在传统制造中,生产线布局相对固定。5G 网络支持无线通信,可以实现生产设备的移动部署和实时调整,提高生产的柔性和效率,适应多品种、小批量的生产需求。

(3)生产线监控:5G 的高速和大连接能力可将生产线上的各种设备、传感器和摄像头连接到中央控制系统,实现对生产过程的全面监控和管理。通过实时数据分析,及时发现异常情况,降低生产风险。

2)应用 2:智慧工厂

(1)远程设备维护与故障诊断:借助 5G 网络的高带宽和低时延,远程专家可以实时查看设备的运行数据和状态,进行故障诊断和维护。5G 支持高清视频和 AR 技术的实时传输,技术人员可通过 AR 眼镜指导现场操作,实现设备的快速维护。

(2)数字孪生:利用 5G 网络,可以将工厂内的生产设备、生产过程实时映射到虚拟空间,构建数字孪生工厂。数字孪生可以模拟生产过程、优化生产参数并预测潜在的生产问题,提高工厂的生产效率和质量。

5G 技术还可以用在智能物流与仓储、远程操作与协作、工业物联网、智慧电网等场景中,这里就不再一一赘述。

5G 网络以其高带宽、超低时延、大规模连接和高可靠性,成为工业 4.0 和工业互联网的关键推动力。它不仅为工业自动化、生产线监控、远程设备维护和智能物流提供了通信保障,还为数字孪生、智能电网和远程协作等前沿技术的发展奠定了基础。5G 的引入为工业带来了生产效率和灵活性的提升,实现更加智能、高效和安全的生产方式。

3.2.4　北斗

北斗卫星导航系统(BeiDou navigation satellite system,BDS)是我国自主研发的全球卫星导航系统,具有定位、导航、授时和短报文通信等功能。北斗系统的独特优势在于其全球覆盖、厘米级定位精度和通信功能,广泛应用于工业生产、物流管理、智能交通、测绘等领域。以下是北斗技术的详细特性及其在工业中的应用。

1. 北斗技术的主要特性

1）全球覆盖

北斗系统具有全球覆盖能力，提供 24 小时全天候服务。其定位信号可以覆盖全球各个角落，适用于不同地域的工业应用，如跨国物流运输、远洋航行和海外施工。

2）高精度定位

北斗系统提供多种定位服务，包括普通精度（米级）、差分增强精度（亚米级）和厘米级高精度服务。结合北斗地基增强系统（BeiDou ground-based augmentation system），北斗可以实现厘米级的高精度定位，满足高精度工业测量、自动化控制等需求。

3）双向短报文通信

北斗系统独有的短报文通信功能，允许用户在不借助地面网络的情况下，通过卫星实现信息的双向发送和接收。短报文通信可以用于数据量较小的紧急信息传递、位置上报等，具有特殊的工业应用价值。

4）高可靠性和抗干扰性

北斗系统采用多星座布局，具备更好的信号覆盖和抗干扰能力。在恶劣环境下，如城市峡谷、山区等场景，北斗系统的信号仍能保持较好的稳定性，为工业应用提供可靠的定位和导航服务。

5）授时服务

北斗系统能够提供高精度的授时服务，时间精度可达 20ns，为电力、通信、金融等对时间同步有严格要求的行业提供保障。

2. 北斗技术在工业中的主要应用

1）智慧物流与供应链管理

（1）车辆定位与监控：利用北斗的高精度定位能力，物流企业可以实时跟踪运输车辆的位置、速度和行驶轨迹，优化运输路径，节省燃油，提高运输效率。北斗系统还能通过短报文通信功能，实现车辆在偏远地区的位置信息上报和紧急情况处理。

（2）货物追踪：在供应链管理中，北斗技术结合射频识别（RFID）、传感器等技术，可以对货物进行实时追踪。通过北斗定位，物流中心可以实时掌握货物在运输过程中的状态，优化仓储和配送流程，提升供应链的透明度和效率。

2）智能制造与自动化控制

（1）AGV（自动导引车）定位：在智能工厂中，北斗系统用于 AGV 和无人叉车的精准定位，帮助实现工厂内部的物流自动化。高精度定位技术可以使 AGV 在复杂的工厂环境中准确导航，提高生产效率和安全性。

（2）工业机器人控制：北斗的高精度定位为工业机器人提供精确的空间位置参考，帮助机器人完成精密操作和协作任务。例如，在大型装备制造中，机器人借助北斗定位，可以精准完成部件的装配和焊接。

北斗技术还能应用在工业测绘与地质勘探、智慧农业、智能交通与无人驾驶、智慧电网以及海洋工程与船舶导航等领域。北斗技术在工业应用中的优势主要体现在以下几个方面。

（1）高精度与稳定性：北斗系统具备厘米级定位精度和全球覆盖能力，适用于需要高精度定位的工业应用，如自动化生产、工程测量等。

（2）通信功能：北斗的双向短报文通信功能为无地面网络覆盖的区域提供了信息传递渠道，在偏远地区的工业生产（如矿山、油田、海洋工程）中具有独特优势。

（3）自主可控：北斗是我国自主研发的全球卫星导航系统，具备自主可控的优势，为国家和企业的关键工业领域提供了安全、可靠的技术保障。

北斗技术凭借其全球覆盖、高精度定位、短报文通信和高可靠性，在工业生产、物流管理、智能交通、智慧农业等领域发挥着关键作用。其在车辆监控、无人驾驶、农机自动驾驶、工程测量、设备状态监测等场景中的应用，推动了工业生产的智能化和高效化发展。随着北斗系统的不断完善，未来它将在更多工业领域中扮演不可或缺的角色。

3.3　工程训练：工业通信协议的应用

3.3.1　训练目标

（1）了解工业通信协议的使用方法。

（2）掌握工业通信协议的使用方法。

（3）实现的功能：在飞腾派开发板上实现 Modbus 协议通信，模拟主站与从站的编程操作，以及工业数据的采集与传输。

3.3.2　Modbus 主站与从站功能模拟

1. 实现方法与思路

在飞腾派上安装的非实时系统 Ubuntu 上编程实现 Modbus 主站与从站功能，在 PC 端通过 Modbus Slave 与 Modbus Poll 工具进行模拟 Modbus 主站设备与从站设测试。

在编程实现 Modbus 主站与从站功能方面，可以通过 Python 或 C 语言程序借助相应的 Modbus 库函数实现。

2. 硬件连接

PC 通过以太网络或者无线局域网络与飞腾派相连，确保飞腾派与 PC 处于同一局域网内，其连接图如图 3-1 所示。

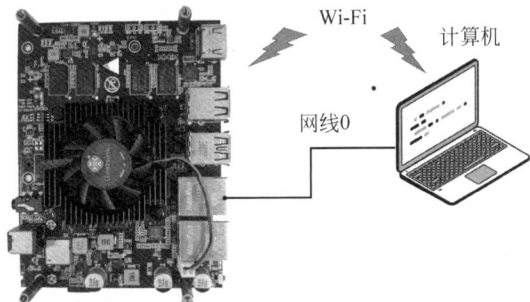

图 3-1　Modbus 主站/从站模拟硬件连接图

3. 软件编程

采用 Python 实现编程。首先,确保飞腾派已经安装了 pymodbus 库,若没有安装,可执行下列指令完成 pymodbus 库的安装:

\#pip3 install pymodbus

1) 实现 Modbus TCP 客户端(主站)功能

主要通过 pymodbus 库中 ModbusTCPClient 模块实现从 Modbus 从站读/写数据的目的。其过程如下。

(1) 创建一个 Modbus TCP 客户端,连接到指定的 IP 地址[这里的客户端就是 PC 的 IP 地址(192.168.0.208)和端口(默认 Modbus TCP 端口为 502)]。

(2) 读取从站的保持寄存器。

(3) 向从站的保持寄存器写入数据。

(4) 关闭 TCP 连接。

Modbus 主站程序 modbustcp.py 如下。

```
1. from pymodbus.client import ModbusTcpClient
2. import logging
3. ♯ 启用调试信息
4. logging.basicConfig()
5. log = logging.getLogger()
6. log.setLevel(logging.DEBUG)
7. ♯ 配置 Modbus TCP 客户端
8. client = ModbusTcpClient('192.168.0.208', port=502)  ♯ 使用 Modbus 服务器的 IP 和端口
9. ♯ 连接到从站
10. client.connect()
11. ♯ 读取保持寄存器,起始地址为 0,读取 1 个寄存器
12. result = client.read_holding_registers(0, 1, unit=1)
13. if not result.isError():      ♯ 检查是否有错误
14.   print(f"Register value: {result.registers[0]}")
15. else:
16.   print(f"Error: {result}")
17. ♯ 写入寄存器,向地址 0 写入值 123
18. write = client.write_register(0, 123, unit=1)
19. if not write.isError():       ♯ 检查是否有错误
20.   print("Write successful")
21. else:
22.     print(f"Error: {write}")
23. ♯ 关闭连接
24. client.close()
```

其中,

* getLogger:获取系统调试信息。
* ModbusTcpClient:创建一个 Modbus TCP 客户端,连接到指定的 IP 地址和端口(默认 Modbus TCP 端口为 502)。
* read_holding_registers:读取从站的保持寄存器。

- write_register：向从站的保持寄存器写入数据。
- connect 和 close：打开和关闭 TCP 连接。

2）实现 Modbus TCP 服务器端（从站）功能

主要通过 pymodbus 库中 StartTcpServer 模块实现从 Modbus 从站读写数据的目的。其过程如下。

（1）定义从站的寄存器存储（如保持寄存器、输入寄存器等）。

（2）创建从站服务器上下文。

（3）启动一个 Modbus TCP 从站服务器，监听来自主站的请求。

Modbus 从站程序 mod_cong.py 如下。

```
1. from pymodbus.server import StartTcpServer
2. from pymodbus.datastore import ModbusSlaveContext, ModbusServerContext
3. from pymodbus.datastore import ModbusSequentialDataBlock
4. import logging
5. # 启用调试信息
6. logging.basicConfig()
7. log = logging.getLogger()
8. log.setLevel(logging.DEBUG)
9. # 创建数据存储器，初始化寄存器和线圈，初始值为非零
10. store = ModbusSlaveContext(
11.    hr = ModbusSequentialDataBlock(0, [100, 200, 300, 400, 500,600,1,2,3,4]), # 初始化保持寄存器
12.    ir = ModbusSequentialDataBlock(0, [10, 20, 30, 40, 50,60,70,80,90,100]), # 初始化输入寄存器
13.    co = ModbusSequentialDataBlock(0, [1, 0, 1, 0, 1,1,0,1,0,1]),         # 初始化线圈状态
14.    di = ModbusSequentialDataBlock(0, [1, 1, 0, 0, 1,0,1,1,0,1])          # 初始化离散输入
15. )
16. context = ModbusServerContext(slaves = store, single = True)
17. # 启动 TCP 服务器
18. def run_server():
19.    StartTcpServer(context = context, address = ("0.0.0.0", 502)) # 绑定到所有 IP 地址，
                                                                    # 使用端口 502
20. if __name__ == "__main__":
21.    run_server()
```

其中，

- ModbusSlaveContext：定义从站的寄存器存储（如保持寄存器、输入寄存器等）。
- ModbusServerContext：创建从站服务器上下文。
- StartTcpServer：启动一个 Modbus TCP 从站服务器，监听来自主站的请求。

4. 系统调试

1）主站程序的测试

在飞腾派中命令行里运行 Modbus TCP 客户端（主站）程序：

python3 modbustcp.py

在 PC 端运行 Modbus Slave 测试程序作为从站，把地址为 0、1、2 的保持寄存器的值分别设置为 1、2、3，运行结果如图 3-2 所示。

从运行结果可以看到，前半段主站读取了地址为 0 的从站保持寄存器的值"1"，后半段主站往从站地址为 0 的保持寄存器写入值"123"，读出和写入都是成功的。

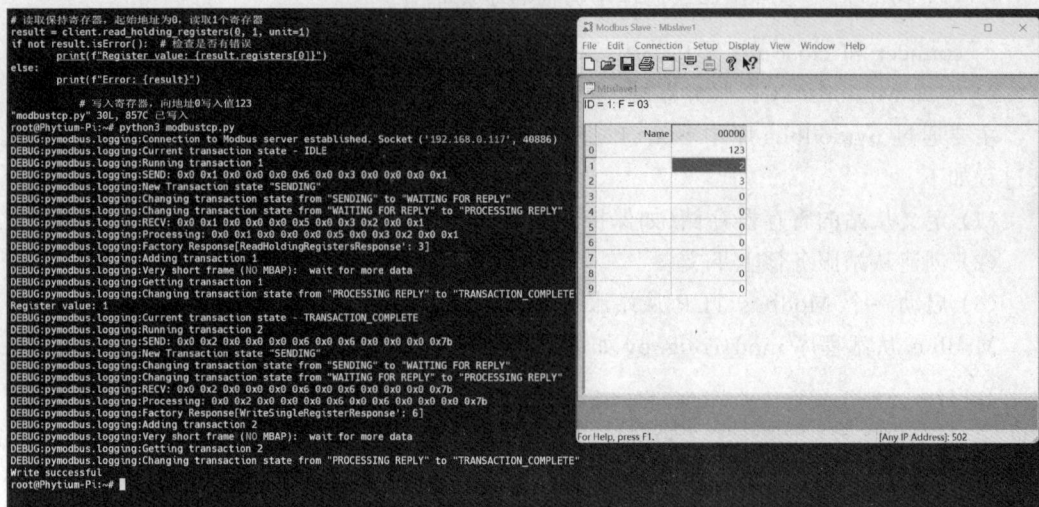

图 3-2　Modbus 主站程序功能测试

2) 从站程序的测试

在飞腾派中命令行里运行 Modbus TCP 服务端（从站）程序：

```
# python3 mod_cong.py
```

在 PC 端运行 Modbus Poll 测试程序作为主站，可以根据需要读取从站保持寄存器、线圈、输入寄存器、离散输入变量中的值，或者向从站中写入相应的数据。测试过程如下。

（1）设置 Modbus Poll 中的连接属性：这里主要是设置从站服务器的 IP 地址，在本实验中主要是指飞腾派中 Ubuntu 系统当前的 IP 地址，如图 3-3 所示。

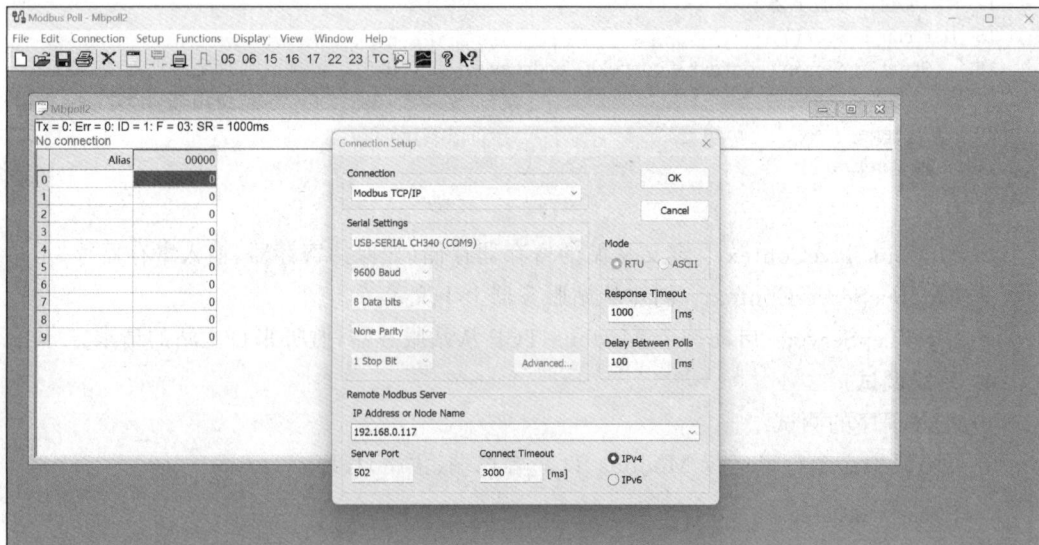

图 3-3　Modbus Poll 中从站服务器 IP 地址的设置

（2）在 Modbus Poll 中获取保持寄存器的值。在 Setup 菜单栏中选择 Read/Write Definition 命令，出现如图 3-4 所示的界面，输入要读取从站的寄存器类型（3：读保持寄存器),起始地址:0,数量:9,单击 OK 按钮,便可读取从机中的数据,所读取数据如图 3-5 所示。

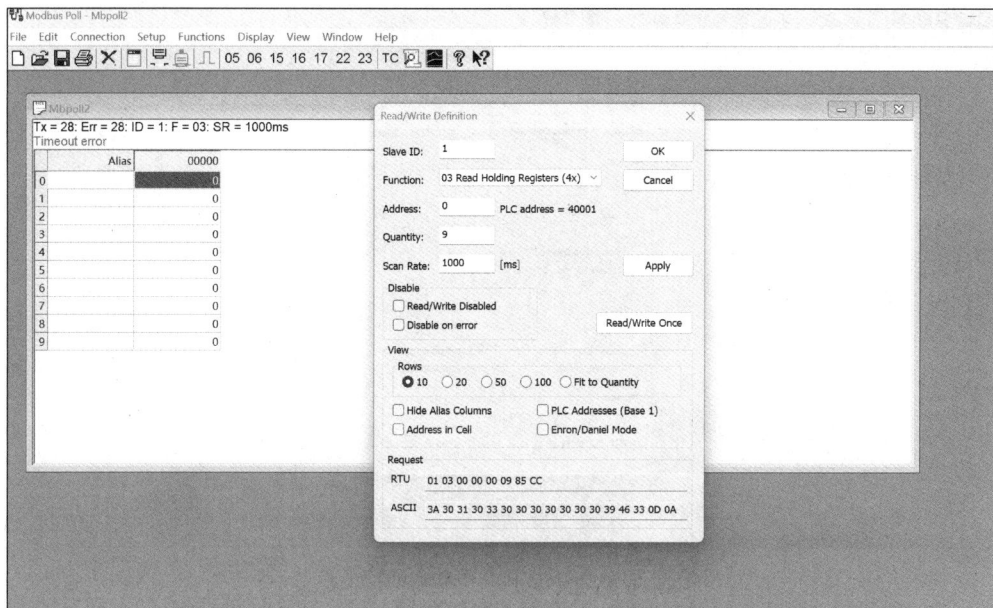

图 3-4　Modbus Poll 中获取保持寄存器的值设置

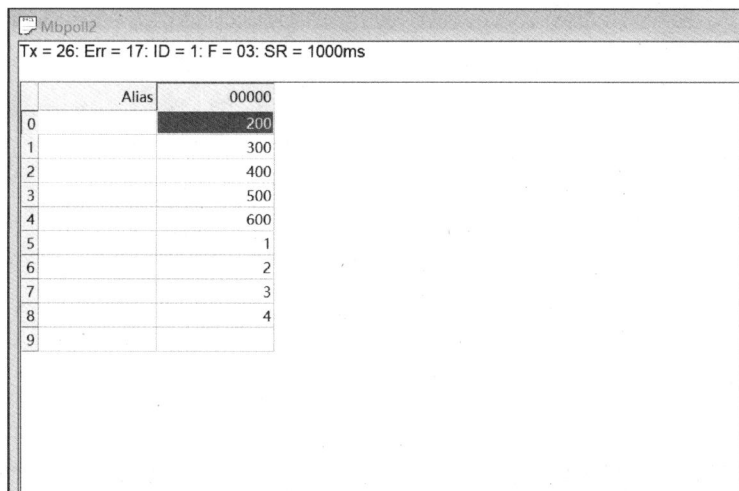

图 3-5　Modbus Poll 中获取保持寄存器的值

(3) 在 Modbus Poll 中获取线圈的值。在 Setup 菜单栏中选择 Read/Write Definition 命令,出现如图 3-6 所示的界面,输入要读取从站的寄存器类型(1:读线圈),起始地址:0,数量:10,单击 OK 按钮,便可读取从机中的数据,所读取数据如图 3-7 所示(地址为 0 的线圈被写命令改了)。

(4) 在 Modbus Poll 中写从站线圈的值。在 Functions 菜单栏中选择 Write single coil 命令,出现如图 3-7 所示的界面,输入要写入从站的 ID:1,起始地址:0,设置值:On,单击 Send 按钮,便向从机写入数据,线圈值写入成功。

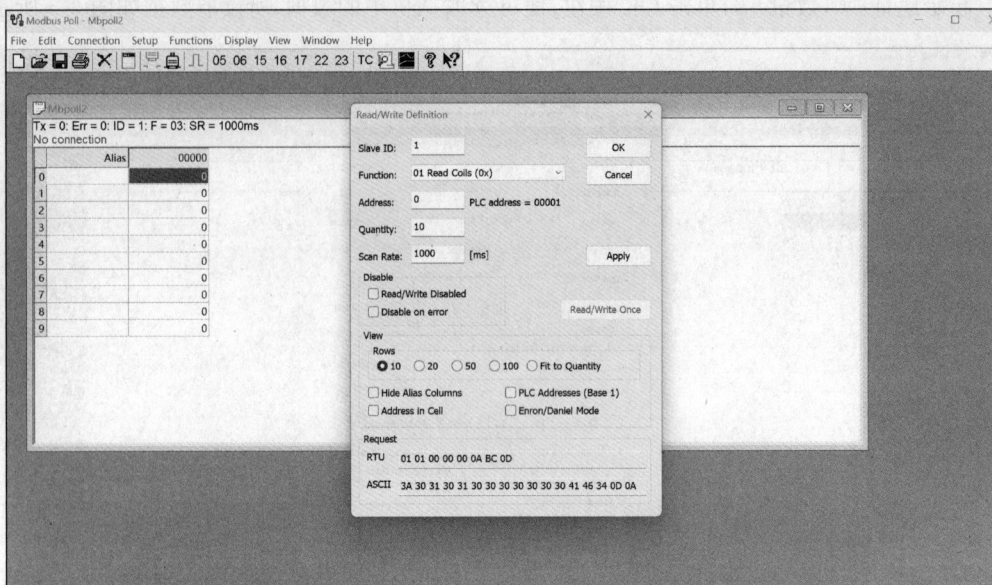

图 3-6　Modbus Poll 中获取线圈的值

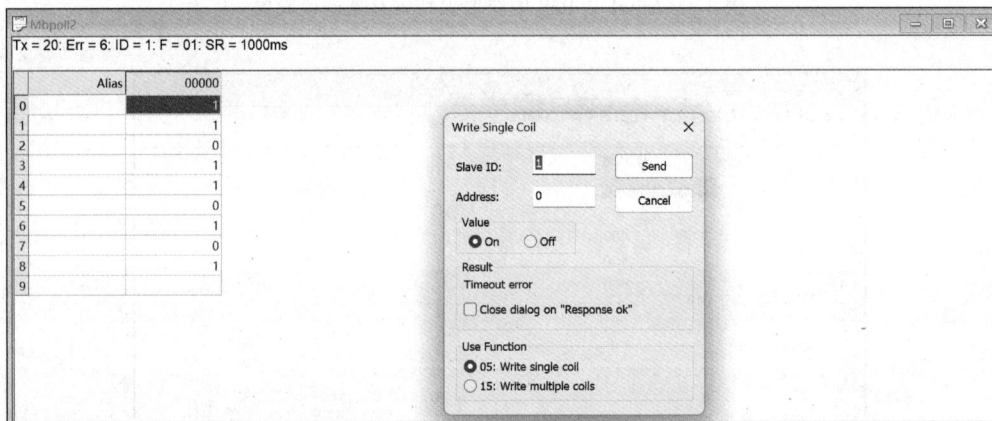

图 3-7　Modbus Poll 中设置从站线圈的值

3.3.3　工业数据采集模拟

1. 实现方法与思路

（1）硬件选择：硬件载体为飞腾派，数据的模拟发送与接收都在飞腾派上实现。

（2）通信：可以选择以太网或 Wi-Fi 通信模式，根据实际的应用场景选择，本项目中采用 Wi-Fi 无线通信作为数据传输的通道。

（3）数据模拟：使用 random 库生成模拟的生产数据（如温度、湿度、压力等）。

（4）数据传输与接收：使用 socket 库模拟 TCP/UDP 通信，或者通过 paho-mqtt 库实现基于 MQTT 协议的数据传输。

（5）程序实现：可以通过 Python 或者 C 语言实现。

2. 实现过程

首先是开发环境的搭建，安装必要的 Python 库：

```
# sudo apt update
# pip3 install paho-mqtt
```

可分两种方式来实现工业数据采集模拟，一种是 socket 方式，另一种是 MQTT 方式。下面分别介绍用这两种方式实现工业数据采集模拟。

1）socket 方式

通过 socket 以 TCP 方式进行数据传输。

（1）服务端代码（数据接收端）代码 wifi_server.py 如下。

```
 1. import socket
 2. def start_server(host = '0.0.0.0', port = 8888):
 3.     server_socket = socket.socket(socket.AF_INET, socket.SOCK_STREAM)
 4.     server_socket.bind((host, port))
 5.     server_socket.listen(5)
 6.     print(f"Listening on {host}:{port}...")
 7.     while True:
 8.       client_socket, addr = server_socket.accept()
 9.       print(f"Connection from {addr}")
10.       try:
11.         while True:
12.           data = client_socket.recv(1024).decode('utf-8')
13.           if not data:
14.             break
15.           print(f"Received data: {data}")
16.       except ConnectionResetError:
17.         print(f"Connection with {addr} was reset.")
18.       finally:
19.         client_socket.close()
20. if __name__ == '__main__':
21.     start_server()
```

其中，

- server_socket.bind((host,port))：在指定的 host 和 port 上绑定服务器。
- server_socket.listen(5)：开始监听端口，5 表示最大连接队列数。
- server_socket.accept()：接受客户端连接。
- client_socket.recv(1024)：接收客户端发送的数据，每次最多接收 1024 字节。
- ConnectionResetError：用于捕捉当客户端突然断开连接时的错误，防止程序崩溃。
- finally 语句：确保在异常发生时关闭客户端连接，释放资源。

此代码将持续监听并接受来自客户端的连接，并接收客户端发送的数据。如果没有问题，可以用来接收客户端传来的数据。

（2）客户端（数据发送端）代码（wifi_client.py）如下。

```
1. import socket
2. import random
3. import time
```

```
4.  def generate_fake_data():
5.    temperature = round(random.uniform(20.0, 30.0), 2)
6.    humidity = round(random.uniform(30.0, 60.0), 2)
7.    pressure = round(random.uniform(1000.0, 1100.0), 2)
8.    return f"Temperature: {temperature} C, Humidity: {humidity} %, Pressure: {pressure} hPa"
9.  def send_data(host = '127.0.0.1', port = 8888):
10.   while True:
11.     try:
12.       client_socket = socket.socket(socket.AF_INET, socket.SOCK_STREAM)
13.       client_socket.connect((host, port))
14.       while True:
15.         data = generate_fake_data()
16.         print(f"Sending: {data}")
17.         client_socket.sendall(data.encode('utf - 8'))
18.         time.sleep(5)  # 每隔 5s 发送一次数据
19.     except (ConnectionResetError, BrokenPipeError) as e:
20.       print(f"Connection error: {e}. Reconnecting...")
21.       time.sleep(2)  # 连接失败后等待 2s 再重试
22.     finally:
23.       client_socket.close()
24. if __name__ == '__main__':
25.     send_data()
```

其中，

- generate_fake_data()：生成模拟工业数据的函数，这个函数生成一条包含温度、湿度、气压的模拟数据。使用 random.uniform()随机生成一定范围内的浮点数，并使用 round()四舍五入保留两位小数。数据格式为字符串，方便后续的网络传输。

- send_data()：发送数据函数，用于保持客户端程序的持续运行，即使发生错误（如连接被重置或管道断开）时，也会重新连接到服务器并继续发送数据。

- 持续发送数据：程序通过内外层的 while True 循环保持持续的数据生成和发送，适合模拟传感器数据上传的场景。

- 自动重连：捕获网络异常并在短暂等待后自动尝试重新连接服务器，增强了客户端的健壮性，适应可能出现的网络不稳定情况。

- 定时发送：使用 time.sleep(5)控制每隔 5s 发送一条数据，模拟传感器的定时数据上传。

2) MQTT 方式

使用 MQTT 实现数据传输的优势：轻量级，适合低带宽、低功耗的设备；发布/订阅模型可以灵活地进行多个设备之间的数据交换。

服务端代码（使用 Eclipse Mosquitto）如下。

安装 Mosquitto MQTT Broker：

```
# sudo apt install mosquitto mosquitto - clients
# sudo systemctl start mosquitto
```

启动 Mosquitto 后，可以运行以下客户端代码模拟数据的发布与订阅。

数据发布程序如下。

```
1.  import paho.mqtt.client as mqtt
2.  import random
3.  import time
4.  BROKER = 'localhost'
5.  PORT = 1883
6.  TOPIC = 'factory/data'
7.  def generate_fake_data():
8.      temperature = round(random.uniform(20.0, 30.0), 2)
9.      humidity = round(random.uniform(30.0, 60.0), 2)
10.     pressure = round(random.uniform(1000.0, 1100.0), 2)
11.     return f"Temperature: {temperature} C, Humidity: {humidity} %, Pressure: {pressure} hPa"
12. def publish_data():
13.     client = mqtt.Client()
14.     client.connect(BROKER, PORT, 60)
15.     try:
16.         while True:
17.             data = generate_fake_data()
18.             print(f"Publishing: {data}")
19.             client.publish(TOPIC, data)
20.             time.sleep(5)  # 每 5 秒发送一次
21.     except KeyboardInterrupt:
22.         print("Publishing stopped.")
23.     finally:
24.         client.disconnect()
25. if __name__ == '__main__':
26.     publish_data()
```

其中程序部分内容说明如下。

（1）全局配置。

- BROKER：指定 MQTT Broker 的地址，这里使用的是 localhost，表示 Broker 运行在本地。如果是远程服务器，则可以填入对应的 IP 地址或域名。
- PORT：指定 MQTT Broker 的端口，1883 是 MQTT 协议的默认端口。
- TOPIC：指定发布消息的主题（factory/data）。主题是 MQTT 中用于分类和标记消息的关键部分，订阅者可以通过订阅相同的主题接收发布者发送的消息。

（2）生成模拟数据的函数 generate_fake_data()。

该函数生成三类传感器数据：温度、湿度和气压。

使用 random.uniform()生成指定范围内的随机浮点数，并使用 round()四舍五入保留两位小数。

返回值是一个字符串，包含所有三种数据，方便后续将其作为消息发送。

（3）发布数据的函数：publish_data()。

- while True：进入一个无限循环，持续生成并发布数据，模拟传感器持续上传数据的场景。
- data=generate_fake_data()：调用生成假数据的函数，生成一条模拟数据。
- client.publish(TOPIC，data)：通过 publish()方法向指定主题发布数据。主题为 factory/data，数据为生成的传感器信息。

- time. sleep(5)：每隔 5s 发布一次数据。

（4）异常处理。

KeyboardInterrupt：捕获用户手动终止程序（如按 Ctrl＋C 组合键）的中断信号，并在终止时打印消息"Publishing stopped."。

（5）finally：确保客户端在结束时通过 client. disconnect()正常断开连接。

（6）运行时，调用 publish_data()函数，开始数据发布。

数据订阅程序如下。

```
1. import paho.mqtt.client as mqtt

2. BROKER = 'localhost'
3. PORT = 1883
4. TOPIC = 'factory/data'
5. def on_connect(client, userdata, flags, rc):
6.     print(f"Connected with result code {rc}")
7.     client.subscribe(TOPIC)
8. def on_message(client, userdata, msg):
9.     print(f"Received message: {msg.topic} {msg.payload.decode('utf-8')}")
10. def subscribe_data():
11.     client = mqtt.Client()
12.     client.on_connect = on_connect
13.     client.on_message = on_message
14.     client.connect(BROKER, PORT, 60)
15.     client.loop_forever()

16. if __name__ == '__main__':
17.     subscribe_data()
```

这段代码实现了一个 MQTT 客户端，用于订阅特定主题并接收来自 MQTT Broker 的消息。

（1）全局变量配置。

```
BROKER = 'localhost'
PORT = 1883
TOPIC = 'factory/data'
```

其中，

- BROKER：指定 MQTT Broker 的地址，这里是 localhost，表示 Broker 运行在本地。如果 Broker 在远程服务器上，则需要填入远程服务器的 IP 地址或域名。
- PORT：指定连接到 MQTT Broker 的端口，1883 是 MQTT 协议的默认端口。
- TOPIC：指定要订阅的 MQTT 主题 factory/data。客户端将会监听该主题，并接收发布到该主题的消息。

（2）连接事件处理函数 on_connect()。

on_connect()是一个事件回调函数，当客户端成功连接到 MQTT Broker 时，会被自动调用。rc 表示连接的返回码（0 表示成功连接）。

（3）当连接成功时，程序会调用 client. subscribe(TOPIC)，订阅指定的主题 factory/data，从而可以开始接收该主题的消息。

（4）消息接收事件处理函数 on_message()：另一个事件回调函数，当客户端接收到从 Broker 传来的消息时，会自动调用。

（5）msg 是消息对象，包含主题（msg.topic）和消息内容（msg.payload）。

使用 msg.payload.decode('utf-8')将消息的字节数据解码为字符串，并打印出消息内容。

（6）订阅数据函数 subscribe_data()。

- client＝mqtt.Client()：创建一个 MQTT 客户端实例。
- client.on_connect＝on_connect：将连接事件处理函数 on_connect 绑定到客户端的连接事件。
- client.on_message ＝ on_message：将消息事件处理函数 on_message 绑定到客户端的消息接收事件。
- client.connect（BROKER，PORT，60）：连接到指定的 MQTT Broker（localhost：1883），并设置 60s 的保持连接超时时间。
- client.loop_forever()：启动一个无限循环，持续处理网络事件。该方法会一直运行，监听来自 MQTT Broker 的消息并触发相应的回调函数。

（7）当程序直接运行时，调用 subscribe_data()函数，启动订阅进程，等待接收来自指定主题的消息。

3. 系统调试

1）socket 方式

打开两个终端界面，分别运行 wifi_server.py 与 wifi_client.py 程序，运行结果如图 3-8 所示。

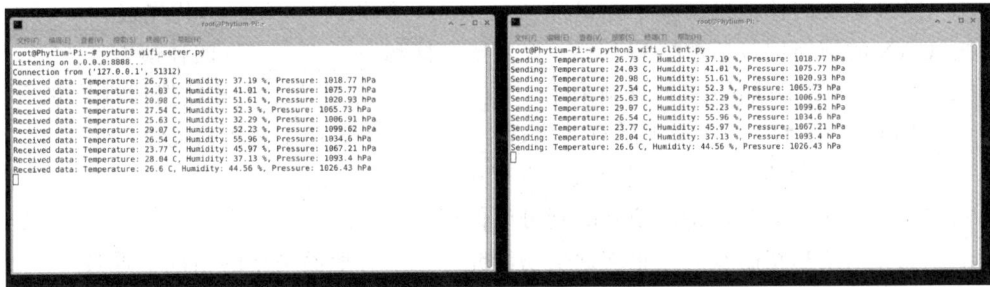

图 3-8　socket 方式实现模拟数据传输

从结果可以看到，客户端和服务器端能正常传输数据。

2）MQTT 实现

打开两个终端界面，分别运行 mqtt_pub.py 与 mqtt_sub.py 程序，运行结果如图 3-9 所示。从图中可以看到，订阅端和发布端能正常传输数据，这种方式适合工业物联网场景。

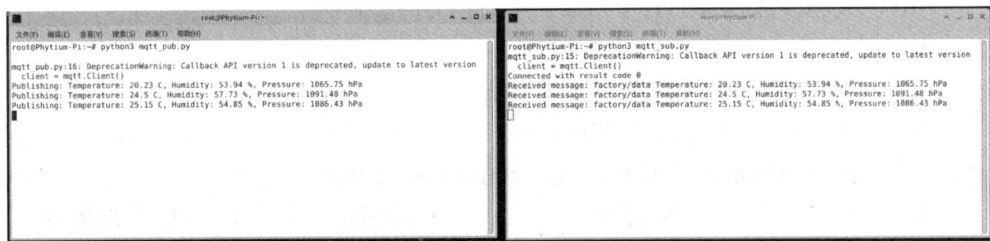

图 3-9　MQTT 方式实现模拟数据传输

本章小结

本章介绍了工业通信协议的核心概念及其在自动化系统中的应用。首先,工业现场总线协议(如 Modbus、CAN、PROFIBUS 和 EtherCAT)通过有线方式连接工业设备,确保数据传输的可靠性和实时性;其次,随着工业物联网的兴起,工业无线通信协议(如 Wi-Fi、LoRa、5G)在数据采集和远程监控中发挥着越来越重要的作用。在工程训练中,通过基于 Modbus 主站/从站的数据收发、工业数据的采集模拟,进一步加深了对工业总线协议认知,读者可以掌握工业通信网络的基础架构及其关键技术,从而为未来工业通信系统的设计和优化奠定坚实基础。

习　题

一、填空题

1. Modbus 协议是一种基于_____架构的通信协议。

2. Modbus 协议支持四种数据类型,分别是 Coils(线圈)、_____、Input Registers(输入寄存器)和_____。

3. Modbus RTU 报文中的错误校验码通常使用_____进行错误检测。

4. CAN 总线的仲裁机制基于标识符(identifier),标识符_____,优先级_____。

5. CAN 的帧结构包括数据帧、_____、错误帧和_____四种帧类型。

6. 在 EtherCAT 通信中,数据帧采用_____处理方式提高数据传输效率。

7. PROFIBUS-DP 常用于工厂自动化,而_____主要用于过程自动化。

8. LoRa 技术的传输距离在视距条件下可达_____km。

9. 5G 网络的超低时延特性使其时延可以低至_____ms。

10. 北斗系统独特的双向短报文通信功能允许在没有地面网络的情况下通过_____实现信息发送和接收。

二、选择题

1. Modbus RTU 通信报文中使用的错误校验码为(　　)。

　　A. 校验和　　　　　B. CRC 校验　　　　C. MD5　　　　　　D. SHA-256

2. 在 CAN 总线中,以下(　　)用于控制通信的优先级。

　　A. 数据字段　　　　B. CRC 校验　　　　C. 标识符　　　　D. 数据帧

3. PROFIBUS-PA 协议的典型传输速率为(　　)。

　　A. 12Mb/s　　　　B. 31.25kb/s　　　　C. 500kb/s　　　　D. 10Mb/s

4. EtherCAT 协议的最大数据传输速率是(　　)。

　　A. 100Mb/s　　　　B. 12Mb/s　　　　C. 250kb/s　　　　D. 1Gb/s

5. (　　)拓扑结构不属于 EtherCAT 支持的拓扑结构。

　　A. 线形　　　　　　B. 星形　　　　　　C. 环形　　　　　D. 全连接型

6. LoRa 的调制技术属于(　　)。

　　A. QPSK　　　　　B. FSK　　　　　　C. CSS(扩频调制)　D. OFDM

7. （　　）网络协议的时延最小。
  A. 4G   B. 5G   C. Wi-Fi   D. LoRaWAN

8. 在 Modbus 通信中，主站向从站发出"读保持寄存器"的功能码是（　　）。
  A. 0x01   B. 0x03   C. 0x05   D. 0x06

9. CAN FD 的数据帧支持的最大字节数是（　　）字节。
  A. 8   B. 16   C. 32   D. 64

10. 北斗卫星系统中，用于提高定位精度的系统叫（　　）。
  A. GNSS   B. GPS
  C. 北斗地基增强系统   D. INS

三、判断题

1. CAN 总线采用事件驱动的仲裁机制。（　　）

2. Modbus 协议中，功能码 0x03 是用于写单个保持寄存器的。（　　）

3. EtherCAT 具有极高的实时性，通常通信周期小于 $100\mu s$。（　　）

4. PROFIBUS 是一种仅适用于过程自动化的协议。（　　）

5. LoRa 技术支持高带宽的工业视频监控应用。（　　）

6. CAN 总线的传输速率与通信距离成反比。（　　）

7. 5G 网络的设备连接密度远低于 4G。（　　）

8. 北斗系统具备短报文通信功能，可以在没有地面网络的情况下传递信息。（　　）

9. Modbus TCP/IP 是基于以太网的通信协议。（　　）

10. EtherCAT 网络中，所有节点必须完整接收数据帧后才能处理数据。（　　）

四、问答题

1. 简述 Modbus 协议的基本通信架构及其应用场景。

2. CAN 总线中的仲裁机制是如何实现的？请简述其工作原理。

3. EtherCAT 通信的 on-the-fly 处理方式如何提高通信效率？

4. 请描述 PROFIBUS-DP 和 PROFIBUS-PA 的主要区别。

5. LoRa 技术的长距离和低功耗特性使其适用于哪些工业应用场景？

6. 5G 网络相比 4G，在工业自动化中有哪些优势？

7. 北斗卫星系统的高精度定位是如何实现的？有哪些应用领域？

8. 请简述 CAN FD 的改进之处及其应用场景。

9. 在 Modbus 通信中，如何实现主站与从站的读/写操作？

10. 工业自动化系统中，为什么 EtherCAT 更适用于多轴运动控制？

五、编程题

编写一个简单的 Modbus TCP 客户端程序，用于读取从站的保持寄存器。

## 第 4 章

智能机器人

【知识目标】

明晰智能机器人定义，了解其发展脉络、主要组成部分、关键技术以及 EtherCAT 实时以太网技术，同时初步了解基于 Intewell 和飞腾派的机器人开发相关知识，掌握其工程调试方法。

【能力目标】

能够运用智能机器人的组成、工作原理知识，以及关键技术的原理和方法，分析不同类型智能机器人在结构和功能上的差异，能够根据具体应用场景，选择合适的技术方案，解决实际应用中机器人选型和配置的问题。

培养创新思维和实践能力，能够在智能机器人的开发和应用过程中，提出创新性的想法和解决方案，尝试新的技术和方法，提升机器人的性能和功能。

【素质目标】

培养严谨的科学态度，在学习和研究智能机器人的过程中，注重知识的准确性和技术的可靠性，严格遵循科学研究和工程实践的规范和流程。塑造勇于探索的创新精神，鼓励在智能机器人领域积极尝试新的技术、方法和应用，敢于突破传统思维的束缚，不断推动机器人技术的发展和创新。强化团队协作意识，智能机器人的开发和研究涉及多个领域和专业，需要与不同背景的人员合作。通过团队项目和实践活动，培养与他人沟通协作、共同解决问题的能力。提升工程素养和责任感，在机器人开发过程中，关注系统的稳定性、可靠性和安全性，确保开发的机器人产品符合工程标准和社会需求。

4.1 智能机器人介绍

4.1.1 智能机器人的定义

智能机器人是一种能够感知环境、进行思考并采取行动以实现特定目标的自动化机器。

1. 感知能力

智能机器人配备了各种传感器，如视觉传感器（摄像头）、听觉传感器（麦克风）、触觉传感器等，使其能够收集周围环境的信息。通过对这些信息的分析，机器人可以了解自身所处的位置、周围物体的形状、大小、颜色、距离等。例如，自动驾驶汽车中的智能机器人通过激光雷达、摄像头等传感器感知周围的道路、车辆和行人等信息，为行驶决策提供依据。

2．思考能力

智能机器人具备强大的计算和决策能力。它们可以利用内置的处理器和算法对感知到的信息进行分析和处理，制定出最佳的行动方案。这种思考能力包括模式识别、逻辑推理、规划和学习等。例如，围棋人工智能 AlphaGo 就是通过深度学习算法，对大量的围棋棋局进行分析和学习，从而能够在与人类棋手的对弈中做出高水平的决策。

3．行动能力

智能机器人拥有各种执行机构，如机械臂、轮子、履带等，使其能够根据思考结果采取行动。这些执行机构可以精确地控制机器人的运动和操作，完成各种复杂的任务。例如，工业机器人可以在生产线上进行高精度的装配、焊接等操作；服务机器人可以为人们提供导览、送餐、清洁等服务。

4．自主学习和适应能力

智能机器人还具有自主学习和适应环境变化的能力。它们可以通过不断地与环境交互，积累经验，改进自己的行为和决策。例如，一些智能机器人可以通过试错的方式学习如何完成新的任务；当环境发生变化时，它们也能够调整自己的策略以适应新的情况。

总之，智能机器人是一种集成了感知、思考、行动和学习能力的先进自动化设备，它们在工业、服务、医疗、家庭等领域都有着广泛的应用前景。

4.1.2　智能机器人的发展

智能机器人的发展历史源远流长，经历了多个重要的阶段。

1．古代机器人的雏形阶段

古代已经出现了一些简单的自动机械装置，可视为机器人的早期雏形。例如，中国古代能自动行走的木牛流马、木鸢、木甲艺伶等；古希腊时期，科特希比乌斯设计的人形指针（图 4-1）。这些装置体现了人们对自动化机械的初步探索和想象。

2．近代机器人的启蒙阶段

18 世纪至 19 世纪是自动化技术的早期应用时期，1801 年，法国人雅卡尔发明了穿孔卡片控制的"自动织机"（图 4-2），这是自动化技术在纺织领域的重要应用，为后来机器人的控制系统发展提供了一定的基础。

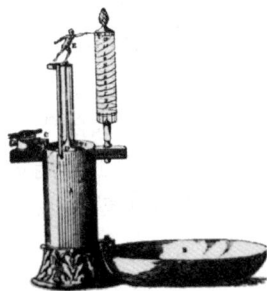

图 4-1　科特希比乌斯设计的人形指针　　图 4-2　法国人雅卡尔发明了穿孔卡片控制的"自动织机"

3. 现代机器人的诞生阶段

1920 年,捷克斯洛伐克作家卡雷尔·恰佩克在他的科幻小说中创造"机器人"(robot)这个词,该词源于捷克文 robota(原意为"劳役、苦工")和波兰文 robotnik(原意为"工人")。

(1) 理论基础的奠定:1942 年,美国科幻巨匠阿西莫夫提出"机器人三定律",即机器人不得危害人类,必须服从人类的命令,在不违反前两条原则下必须保护自身不受伤害。这虽然是科幻小说里的创造,但后来成为学术界默认的研发原则。

(2) 重要技术的突破:1948 年,诺伯特·维纳出版《控制论——关于在动物和机中控制和通信的科学》,阐述了机器中的通信和控制机能与人的神经、感觉机能的共同规律,率先提出以计算机为核心的自动化工厂,为机器人的发展提供了理论支持。1954 年,美国人乔治·德沃尔制造出世界第一台可编程的机械手,并注册了专利。这种机械手能按照不同的程序从事不同的工作,具有通用性和灵活性。1959 年,德沃尔与美国发明家约瑟夫·英格伯格联手制造出第一台工业机器人。随后,成立了世界上第一家机器人制造工厂——Unimation 公司。英格伯格也被称为"工业机器人之父"。

4. 机器人的快速发展阶段

20 世纪 60 年代,机器人在工业环境中的应用迅速发展,开始出现完全由计算机控制的机器人。例如,1962 年美国 AMF 公司生产出 VERSTRAN(万能搬运)(图 4-3),与Unimation 公司生产的 Unimate 一样成为真正商业化的工业机器人,并出口到世界各国,掀起了全世界对机器人和机器人研究的热潮。

图 4-3 美国 AMF 公司生产出 VERSTRAN(万能搬运)

1969 年,通用汽车公司在 Lordstown 装配厂安装了首台 Unimation 点焊机器人,机器人的使用大大提高了生产效率。同年,挪威 Trallfa 公司(后被 ABB 公司收购)推出了第一个商业化应用的喷漆机器人。

智能机器人的研发起步:美国麻省理工学院、斯坦福大学、英国爱丁堡大学等陆续成立了机器人实验室,美国兴起研究第二代传感器、"有感觉"的机器人,并向人工智能进发。这一时期,机器人的类型和功能不断丰富,除了工业机器人外,还出现了外科手术机器人、火星漫游机器人、机器人宠物等。

5. 当代机器人的智能化与多样化阶段

21 世纪至今,随着人工智能技术的快速发展,机器人具备了更强大的智能和自主决策能力。它们不仅能够完成复杂的物理工作,还能够理解自然语言、进行语音识别和人脸识别等高级认知任务,与人类进行更深入的交流和互动。

服务机器人的兴起:服务机器人成为机器人产业的一个重要发展方向,能够为人类提供各种服务,如家庭清洁、医疗护理、物流配送等。例如,2002 年美国 iRobot 公司推出了吸尘器机器人 Roomba,如图 4-4 所示。2000 年,麻省理工学院的辛西娅·布雷泽尔发明了一种能够识别和模拟情绪的机器人 Kismet,如图 4-5 所示。

图 4-4　iRobot 公司推出了吸尘器机器人 Roomba

图 4-5　辛西娅·布雷泽尔发明的机器人 Kismet

机器人应用领域的不断拓展:机器人在各个领域的应用不断深化和拓展,包括教育、娱乐、安防、农业等。同时,机器人的形态也更加多样化,如人形机器人、仿生机器人、软体机器人等不断涌现。

4.1.3　智能机器人的组成

智能机器人是一个复杂的系统,它结合了机械工程、电子工程、计算机科学以及人工智能等多个领域的技术。智能机器人通常由以下几个主要部分组成。

1. 机械结构

(1)机身:机器人的主体部分,为其他部件提供安装和支撑。机身的设计需要考虑机器人的应用场景、负载能力、运动方式等因素。例如,工业机器人的机身通常比较坚固,能够承受较大的负载和冲击力;而服务机器人的机身则更加注重外观设计和人机交互的便利性。

(2)执行机构:包括机械臂、轮子、履带、关节等,用于实现机器人的各种动作。执行机构的设计需要考虑运动精度、速度、负载能力等因素。例如,工业机器人的机械臂通常具有很高的运动精度和负载能力,能够完成复杂的装配、焊接等任务;而服务机器人的轮子或履带则需要具备良好的机动性和稳定性,能够在不同地形上行走。

2. 传感器系统

（1）外部传感器：用于感知机器人周围的环境信息，包括视觉传感器（摄像头）、听觉传感器（麦克风）、距离传感器（激光雷达、超声波传感器等）、力传感器等。这些传感器可以帮助机器人识别物体、测量距离、检测障碍物、感知力的大小等。例如，自动驾驶汽车中的激光雷达可以实时扫描周围环境，生成高精度的三维地图，为车辆的导航和避障提供依据；服务机器人中的摄像头可以识别用户的面部表情和动作，实现更加自然的人机交互。

（2）内部传感器：用于感知机器人自身的状态信息，包括位置传感器（编码器、陀螺仪等）、速度传感器、加速度传感器、力传感器等。这些传感器可以帮助机器人了解自己的位置、速度、加速度、关节角度等状态信息，从而实现更加精确的运动控制。例如，工业机器人中的编码器可以实时测量关节的角度和位置，为机器人的运动控制提供反馈信号；服务机器人中的加速度传感器可以检测机器人的运动状态，防止机器人在行走过程中摔倒。

3. 控制系统

控制系统是机器人的核心部分，负责接收传感器的信息、进行决策和控制执行机构的动作。控制系统通常由微处理器、存储器、输入/输出接口等组成，可以运行各种控制算法和软件程序。例如，工业机器人的控制系统通常采用高性能的工业计算机，能够实现高速、高精度的运动控制；而服务机器人的控制系统则更加注重低功耗、小型化和智能化，能够满足不同应用场景的需求。

4. 驱动系统

驱动系统用于驱动执行机构的动作，将控制系统发出的控制信号转换为电动机的转动或液压系统的压力等。驱动器通常由电动机、驱动器芯片、电源等组成，可以根据不同的执行机构和控制要求进行选择和配置。例如，工业机器人的驱动系统通常采用大功率的交流伺服电动机和驱动器，能够实现高速、高精度的运动控制；而服务机器人的驱动系统则更加注重小型化、低噪声和高效率，能够满足不同应用场景的需求。

5. 电源系统

电源系统为机器人提供动力支持，包括电池、电源管理模块等。电源系统的设计需要考虑机器人的功耗、续航能力、充电方式等因素。例如，服务机器人通常采用锂电池作为电源，具有较高的能量密度和较长的续航能力；而工业机器人则通常采用有线电源或大容量电池组，以满足长时间连续工作的需求。

6. 软件系统

（1）操作系统：为机器人提供基本的软件运行环境，包括任务调度、内存管理、设备驱动等功能。常见的机器人操作系统有 ROS（robot operating system）、Linux 等。

（2）应用程序：根据机器人的不同应用场景开发的各种软件程序，包括导航算法、人机交互程序、任务执行程序等。这些应用程序可以实现机器人的各种功能，如自主导航、语音识别、物体抓取等。

（3）人工智能模块：包括机器学习算法、深度学习算法、自然语言处理算法等，为机器人提供智能决策和自主学习的能力。例如，通过机器学习算法，机器人可以根据历史数据和经验进行学习和优化，提高自己的性能和效率；通过深度学习算法，机器人可以实现图像识别、语音识别等高级认知功能。

智能机器人通过上述各部分的有效整合,实现了从简单的自动化设备向具有更高层次认知能力和自主性系统的转变。随着技术的发展,未来的智能机器人将会更加灵活、高效且易于使用,在更多领域发挥重要作用。

4.1.4 智能机器人的关键技术

随着社会的不断发展以及机器人应用领域的持续扩大,人们对智能机器人的要求也日益提高。智能机器人所处的环境往往是未知且难以预测的,在对这类机器人的研究过程中,主要涉及以下关键技术。

1. 多传感器信息融合

多传感器信息融合技术近年来成为热门研究课题,它与控制理论、信号处理、人工智能、概率和统计相结合,为机器人在复杂、动态、不确定和未知环境中执行任务提供了一种技术解决方案。机器人所用的传感器种类繁多,根据不同用途分为内部传感器和外部传感器两大类。内部传感器用于检测机器人组成部件的内部状态,包括特定位置和角度传感器、任意位置和角度传感器、速度和角度传感器、加速度传感器、倾斜角传感器、方位角传感器等。外部传感器包括视觉(测量、认识传感器)、触觉(接触、压觉、滑动觉传感器)、力觉(力、力矩传感器)以及角度传感器(倾斜、方向、姿势传感器)。多传感器信息融合是指综合来自多个传感器的感知数据,以产生更可靠、更准确或更全面的信息。经过融合的多传感器系统能够更加完善、精确地反映检测对象的特性,消除信息的不确定性,提高信息的可靠性。融合后的多传感器信息具有冗余性、互补性、实时性和低成本性等特性。多传感器信息融合方法主要有贝叶斯估计、Dempster-Shafer 理论、卡尔曼滤波、神经网络、小波变换等。

多传感器信息融合技术是一个十分活跃的研究领域,主要有以下研究方向。

(1) 多层次传感器融合:由于单个传感器具有不确定性、观测失误和不完整性的弱点,单层数据融合限制了系统的能力和鲁棒性。对于要求高鲁棒性和灵活性的先进系统,可以采用多层次传感器融合的方法。低层次融合方法可以融合多传感器数据;中间层次融合方法可以融合数据和特征,得到融合的特征或决策;高层次融合方法可以融合特征和决策,得到最终的决策。

(2) 微传感器和智能传感器:传感器的性能、价格和可靠性是衡量其优劣的重要标志,然而许多性能优良的传感器因体积大而限制了应用市场。微电子技术的迅速发展使小型和微型传感器的制造成为可能。智能传感器将主处理、硬件和软件集成在一起。如 Par Scientific 公司研制的 1000 系列数字式石英智能传感器、日本日立研究所研制的可以识别四种气体的嗅觉传感器、美国 Honeywell 研制的 DSTJ23000 智能压差压力传感器等,都具备了一定的智能。

(3) 自适应多传感器融合:在实际世界中,很难得到环境的精确信息,也无法确保传感器始终能够正常工作。因此,对于各种不确定情况,鲁棒融合算法十分必要。现已研究出一些自适应多传感器融合算法处理由于传感器的不完善带来的不确定性。

2. 导航与定位

在机器人系统中,自主导航是一项核心技术,也是机器人研究领域的重点和难点问题。导航的基本任务有以下三点。

（1）基于环境理解的全局定位：通过对环境中景物的理解，识别人为路标或具体实物，以完成对机器人的定位，为路径规划提供素材。

（2）目标识别和障碍物检测：实时对障碍物或特定目标进行检测和识别，提高控制系统的稳定性。

（3）安全保护：能对机器人工作环境中出现的障碍和移动物体作出分析并避免对机器人造成损伤。

机器人有多种导航方式，根据环境信息的完整程度、导航指示信号类型等因素的不同，可以分为基于地图的导航、基于创建地图的导航和无地图的导航三类。根据导航采用的硬件的不同，可将导航系统分为视觉导航和非视觉传感器组合导航。视觉导航是利用摄像头进行环境探测和辨识，以获取场景中绝大部分信息。视觉导航信息处理的内容主要包括视觉信息的压缩和滤波、路面检测和障碍物检测、环境特定标志的识别、三维信息感知与处理。非视觉传感器导航是指采用多种传感器共同工作，如探针式、电容式、电感式、力学传感器、雷达传感器、光电传感器等，用来探测环境，对机器人的位置、姿态、速度和系统内部状态等进行监控，感知机器人所处工作环境的静态和动态信息，使得机器人相应的工作顺序和操作内容能自然地适应工作环境的变化，有效地获取内外部信息。

在自主移动机器人导航中，无论是局部实时避障还是全局规划，都需要精确知道机器人或障碍物的当前状态及位置，以完成导航、避障及路径规划等任务，这就是机器人的定位问题。比较成熟的定位系统可分为被动式传感器系统和主动式传感器系统。被动式传感器系统通过码盘、加速度传感器、陀螺仪、多普勒速度传感器等感知机器人自身运动状态，经过累积计算得到定位信息。主动式传感器系统通过包括超声传感器、红外传感器、激光测距仪以及视频摄像机等主动式传感器感知机器人外部环境或人为设置的路标，与系统预先设定的模型进行匹配，从而得到当前机器人与环境或路标的相对位置，获得定位信息。

3. 路径规划

路径规划技术是机器人研究领域的一个重要分支。最优路径规划就是依据某个或某些优化准则（如工作代价最小、行走路线最短、行走时间最短等），在机器人工作空间中找到一条从起始状态到目标状态、可以避开障碍物的最优路径。

路径规划方法大致可以分为传统方法和智能方法两种。传统路径规划方法主要有自由空间法、图搜索法、栅格解耦法、人工势场法。大部分机器人路径规划中的全局规划都是基于上述几种方法进行的，但这些方法在路径搜索效率及路径优化方面有待于进一步改善。人工势场法是传统算法中较成熟且高效的规划方法，它通过环境势场模型进行路径规划，但是没有考察路径是否最优。

智能路径规划方法是将遗传算法、模糊逻辑以及神经网络等人工智能方法应用到路径规划中，从而提高机器人路径规划的避障精度，加快规划速度，满足实际应用的需要。其中，应用较多的算法主要有模糊方法、神经网络、遗传算法、Q 学习及混合算法等，这些方法在障碍物环境已知或未知情况下均已取得一定的研究成果。

4. 机器人视觉

视觉系统是自主机器人的重要组成部分，一般由摄像机、图像采集卡和计算机组成。机器人视觉系统的工作包括图像的获取、图像的处理和分析、输出和显示，核心任务是特征提取、图像分割和图像辨识。而如何精确高效地处理视觉信息是视觉系统的关键问题。视觉信息处理逐步细化,包括视觉信息的压缩和滤波、环境和障碍物检测、特定环境标志的识别、三维信息感知与处理等。其中,环境和障碍物检测是视觉信息处理中最重要也是最困难的过程。边沿抽取是视觉信息处理中常用的一种方法。对于一般的图像边沿抽取,可采用局部数据的梯度法和二阶微分法等,但对于需要在运动中处理图像的移动机器人而言,这些方法难以满足实时性的要求。为此人们提出一种基于计算智能的图像边沿抽取方法,如基于神经网络的方法、利用模糊推理规则的方法,特别是 Bezdek J C 教授全面论述了利用模糊逻辑推理进行图像边沿抽取的意义。这种方法具体到视觉导航,就是将机器人在室外运动时所需要的道路知识,如公路白线和道路边沿信息等,集成到模糊规则库中来提高道路识别效率和鲁棒性。

机器人视觉是其智能化最重要的标志之一,对机器人智能及控制都具有非常重要的意义。国内外都在大力研究,并且已经有一些系统投入使用。

5. 智能控制

随着机器人技术的发展,对于无法精确解析建模的物理对象以及信息不足的病态过程,传统控制理论暴露出缺点。机器人的智能控制方法有模糊控制、神经网络控制、智能控制技术的融合(模糊控制和变结构控制的融合、神经网络和变结构控制的融合、模糊控制和神经网络控制的融合、智能融合技术、基于遗传算法的模糊控制方法)等。

机器人智能控制在理论和应用方面都有较大的进展。模糊系统在机器人的建模、控制、对柔性臂的控制、模糊补偿控制以及移动机器人路径规划等各个领域都得到了广泛的应用。在机器人神经网络控制方面,CMCA(cerebella model controller articulation)是应用较早的一种控制方法,其最大特点是实时性强,尤其适用于多自由度操作臂的控制。

智能控制方法提高了机器人的速度及精度,但也有其自身的局限性,例如机器人模糊控制中的规则库如果很庞大,推理过程的时间就会过长;如果规则库很简单,控制的精确性又会受到限制;无论是模糊控制还是变结构控制,抖振现象都会存在,这将给控制带来严重的影响;神经网络的隐层数量和隐层内神经元数的合理确定仍是神经网络在控制方面所遇到的问题,另外神经网络易陷于局部极小值等问题,都是智能控制设计中要解决的问题。

6. 人机接口技术

智能机器人的研究目标并不是完全取代人,复杂的智能机器人系统仅仅依靠计算机来控制是有一定困难的,即使可以做到,也由于缺乏对环境的适应能力而并不实用。智能机器人系统还不能完全排斥人的作用,而是需要借助人机协调来实现系统控制。因此,设计良好的人机接口就成为智能机器人研究的重点问题之一。

人机接口技术是研究如何使人方便自然地与计算机交流。为了实现这一目标,除了最基本的要求(机器人控制器有一个友好的、灵活方便的人机界面)外,还要求计算机能够看懂文字、听懂语言、说话表达,甚至能够进行不同语言之间的翻译,而这些功能的实现又依赖于知识表示方法的研究。因此,研究人机接口技术既有巨大的应用价值,又有基础理论意义。人机接口技术已经取得了显著成果,文字识别、语音合成与识别、图像识别与处理、机器翻译等技术已经开始实用化。另外,人机接口装置和交互技术、监控技术、远程操作技术、通信技术等也是人机接口技术的重要组成部分,其中远程操作技术是一个重要的研究方向。

4.2 EtherCAT

4.2.1 实时以太网介绍

实时以太网(real time Ethernet,RTE)是对常规以太网技术的一种延伸,其目的在于满足工业控制领域对于实时性数据通信的要求(图4-6)。当前,在国际上存在多种实时工业以太网协议,这些协议依据不同的实时性以及成本要求,运用了不同的原理,大致可被划分为以下2类。

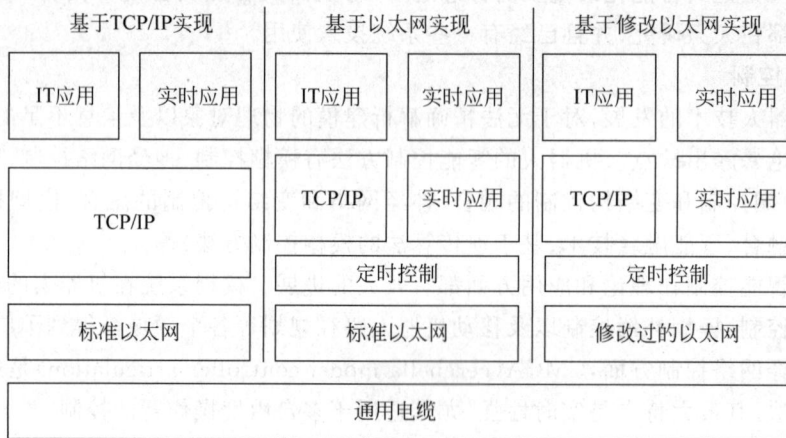

基于TCP/IP实现		基于以太网实现		基于修改以太网实现	
IT应用	实时应用	IT应用	实时应用	IT应用	实时应用
TCP/IP		TCP/IP	实时应用	TCP/IP	实时应用
		定时控制		定时控制	
标准以太网		标准以太网		修改过的以太网	
通用电缆					

图 4-6　以太网通信模型

(1) 基于 TCP/IP 实现的工业以太网依旧采用 TCP/IP 协议栈,借助上层合理的控制手段处理通信过程中的不确定因素。此类方式传输速率较高,适用于大量数据通信,更契合网关和交换设备的应用场景,但实时性欠佳。常用的通信控制方法包括合理安排调度,降低冲突概率;明确帧数据的优先级,给予实时数据最高优先级;采用交换式以太网等。采用这种方式的典型协议有 Modbus/TCP 和 Ethernet/IP 等。

(2) 基于以太网实现的工业以太网仍然运用标准的、未修改的以太网通信硬件,不过不采用 TCP/IP 传输数据,而是使用特定的报文进行传输。TCP/IP 协议栈能够利用时间控制层分配一定的时间片使用网络资源。这类协议主要有 Ethernet Powerlink、EPA(Ethernet for plant automation)通过修改以太网协议实现的工业以太网,能够实现应答时间小于1ms 的硬实时,从站借助特定的硬件实现。由实时 MAC 控制实时通道内的通信,从根源上防止报文间的冲突。非实时数据仍然能够在通道中依据原协议进行通信。典型协议有德国倍福的 EtherCAT、西门子的 PROFINET IRT 等。

4.2.2 工作原理

2003 年,德国 BECKHOFF 自动化公司所开发的 EtherCAT 实时以太网技术,突破了其他以太网解决方案所面临的系统限制。

EtherCAT 的工作原理是通过主从站架构、独特的数据帧处理方式以及分布式时钟同步技术来实现的,并且充分利用了以太网的全双工特性。

在主/从通信模式下,主站向从站发送报文,从站则从中获取数据或者将数据插入其中。整个过程中,报文仅有几纳秒的延迟,这极大地提高了实时性。EtherCAT 主要负责通信和控制应用这两部分功能,物理层采用标准以太网物理层器件。

(1) 主站可以借助标准网卡实现其功能。

(2) 从站通过特定的 EtherCAT 从站控制器 ESC(EtherCAT slave controller)或者 FPGA 实现其功能。

从站在接收到报文后,能够直接对其进行处理,读取或插入相关数据,然后将报文发送给下一个 EtherCAT 从站。位于最末尾的 EtherCAT 从站会返回处理完毕的报文,接着由第一个从站将其发送给主站。整个通信过程完全运行在全双工模式下,从 TX 线发出的报文会通过 RX 线返回到主站(图 4-7)。

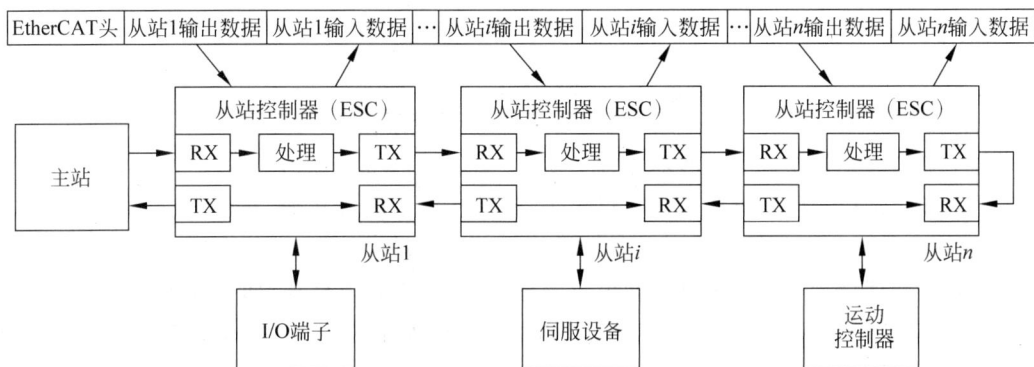

图 4-7   EtherCAT 工作原理

1. 实时性

数据包的长度由其中所有从站的数据决定。一个 Ethernet 数据包最小为 84 字节,若不足 84 字节则会补齐 84 字节。因为 EtherCAT Frame 存在一些公共开销,所以 84 字节的数据包中最多包含 18 字节的过程数据。鉴于数据包必须经过每个从站两次才能回到主站,那么数据包以固定的波特率 100Mb/s 在网络上传输两次所花费的时间,就是它的总线刷新时间。

过程数据长度:1000/8＝125 字节

数据包长度:84－18＋125＝191 字节＝191×8b＝1528b

总线刷新时间:(1528b/100000000b/s)×2＝15.28μs×2 ＝ 30.56μs

一般数字量模块只是单纯的输出或者输入模块,不是混合模块,因此 1000 个数字量信号,帧分配了 125 字节。

再以包含 100 个 EtherCAT 伺服驱动器过程数据的 EtherCAT 数据包为例,假如每个伺服的过程数据只包括控制字(2 字节)、状态字(2 字节)、目标位置(4 字节)、实际位置(4 字节),其总线刷新时间的计算过程如下。

过程数据长度:100×(2＋4)＝600 字节

数据包长度:84－18＋600＝666 字节＝666×8b＝5328b

总线刷新时间:(5328b/100000000b/s)×2＝106.56μs

在帧中仅仅为一个伺服分配了 6 字节。依据 Beckhoff 公司的控制软件 TwinCAT 里有关 EtherCAT 的默认设定,从站的输入和输出使用同一个数据段。因此,当数据包进入伺服驱动器时,此数据段中存放的是控制字以及目标位置;而当数据包从伺服驱动器出来时,该数据段存放的则是伺服的状态字和实际位置。

以上计算只是数据包传输需要的理论时间,实际上,数据包经过每个从站会产生短暂的硬件延时。

2. 端口管理

一个从站控制器最多具备 4 个端口。若其中一个端口关闭,控制器会主动连接下一个端口。端口能够依据 EtherCAT 命令主动打开或者关闭,而逻辑端口设置则决定了EtherCAT 帧的处理以及发送顺序,如表 4-1 所示。

表 4-1　多端口状态控制

端口 2	0→EtherCAT 处理单元→1/1→0
端口 3	0→EtherCAT 处理单元→1/1→2/2→0 (log. ports 0,1,and 2)或者 0→EtherCAT 处理单元→3/3-1/1→0 (log. ports 0,1,and 3)
端口 4	0→EtherCAT 处理单元→3/3→1/1→2/2→0

每个端口总是处于以下两种状态之一。

(1) Port open:数据帧从这个端口出去,然后从这个端口回来。

(2) Port closed:数据帧从内部传到本站的下一个端口。

端口的默认设置是自动模式:如果有物理连接,端口自动打开,如果没有检测到物理连接,端口自动关闭。基于默认的自动模式,EtherCAT 网络在上电时就会自动构建自身的架构,不需要 MAC-ID 或者 IP 地址确定数据帧在网络中的走向。

3. EtherCAT 网络拓扑

所有数据帧在网络中以一种"逻辑闭环"的方式传播,与网络的硬件拓扑无关,无论它是链式、菊花链、星形、树形拓扑还是冗余,所有数据帧都由主机发出,以事前严格定义的顺序,依次经过网络上的所有从站,走过一个完整的闭环后回到主机。所有数据帧通过从站中的EtherCAT 处理单元只有 1 次。

为满足快速增长的系统可靠性需求,可选择冗余电缆,如此能确保在设备更换时网络不会瘫痪。增加冗余特性的方式经济实惠,只需在主站设备端额外使用一个标准以太网端口(无须专用网卡或接口),同时把单一电缆从总线型拓扑结构转变成环形拓扑结构即可。当设备或电缆出现故障时,仅需一个周期就能完成切换。所以,即便对于有运动控制要求的应用,电缆故障也不会产生任何问题。

EtherCAT 还支持热备份的主站冗余。因为在环路中断时,EtherCAT 从站控制器芯片会立刻自动返回数据帧,所以一个设备出现故障不会致使整个网络瘫痪。例如,拖链设备可配置为分支拓扑结构防止线缆断开。

4. EtherCAT 网络协议栈

EtherCAT 网络协议栈是一个复杂且高效的体系结构,用于实现 EtherCAT 实时以太网技术在工业自动化领域的应用,如图 4-8 所示。

1) 协议栈分层结构

EtherCAT 网络协议栈通常遵循分层的设计理念,类似传统网络协议栈的分层结构,但

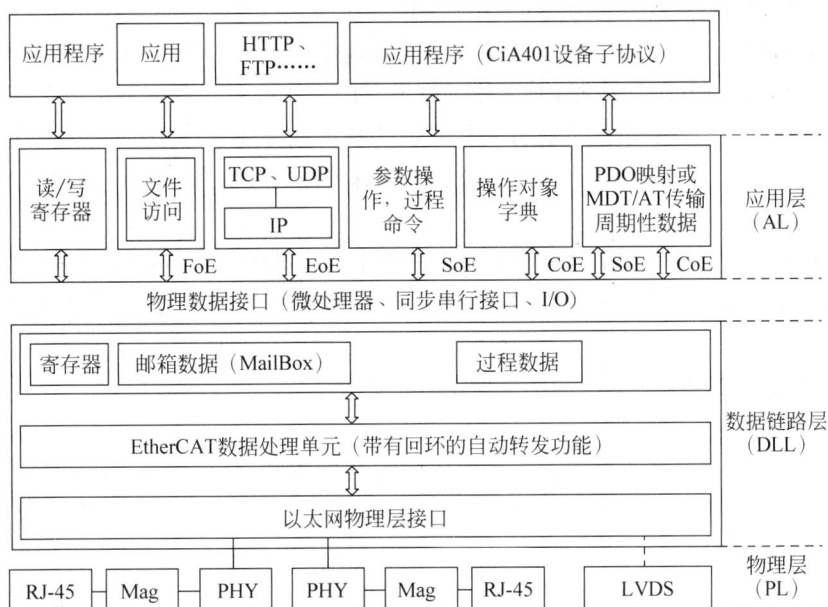

图 4-8 EtherCAT 协议结构

又针对工业实时控制的需求进行了优化。它可分为以下三个主要层次。

（1）应用层：这是最接近用户应用程序的一层，负责与工业自动化设备的具体应用逻辑进行交互。例如，在机器人控制应用中，应用层会处理机器人的运动指令生成、任务调度等与实际应用相关的操作。

（2）数据链路层（含 EtherCAT 特定部分）：该层在传统以太网数据链路层的基础上进行了扩展。它主要负责处理 EtherCAT 数据帧的构建、解析以及在网络中的传输。其中包括 EtherCAT 帧头的添加和解析、数据区的组织以及与从站的通信交互等关键操作。

（3）物理层：采用标准以太网物理层器件，负责将数据链路层的信号转换为适合在物理介质（如网线）上传输的电信号或光信号。它定义了网络的传输介质、传输速率、信号编码方式等物理特性。

2）各层功能详细介绍（图 4-9）

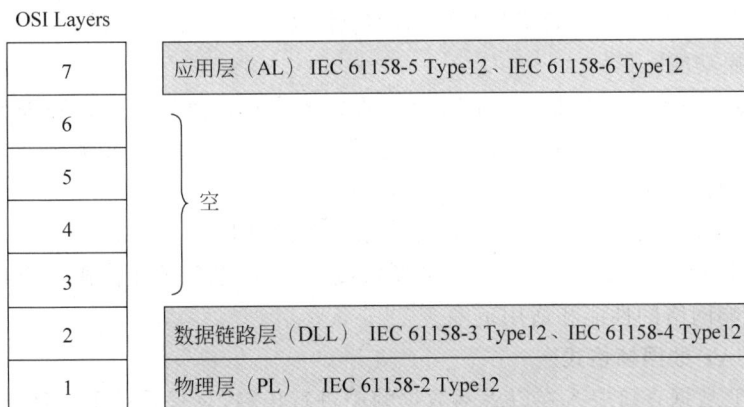

图 4-9 EtherCAT 各层介绍

（1）应用层功能。

① 设备抽象与管理：为不同类型的工业设备提供统一的抽象接口，使应用程序可以方便地对各种设备进行管理和控制，而无须了解设备的具体底层实现细节。

② 任务调度与协调：根据工业自动化系统的整体任务需求，对不同设备的操作任务进行合理调度和协调。例如，在自动化生产线上，确保各个设备按照正确的顺序和时间进行操作，以实现高效的生产流程。

③ 数据处理与转换：对从底层获取的数据进行必要的处理和转换，以满足应用程序的需求。比如，将传感器采集到的原始数据进行单位换算、滤波等处理，使其能够被应用程序正确使用。

（2）数据链路层功能（含 EtherCAT 特定部分）。

① EtherCAT 帧处理。

a. 帧构建：根据主站的控制指令和要传输的数据内容，构建符合 EtherCAT 协议规范的帧结构。在构建过程中，需要准确地添加 EtherCAT 帧头信息，包括帧类型、从站地址、命令类型等字段。

b. 帧解析：当从站接收到数据帧时，能够正确地解析出帧头中的各种信息，以及数据区中与自身相关的子报文内容，以便执行相应的操作。

② 从站通信管理。

a. 从站寻址与识别：通过帧头中的从站地址字段，能够准确地寻址到网络中的每个从站，并识别出不同的从站设备。

b. 数据传输与交互：负责主站与从站之间的数据传输和交互过程。主站将包含多个从站子报文的数据帧发送出去，从站在接收到数据帧后，读取并处理自己的子报文，然后将处理结果更新到数据帧中再传递给下一个从站，最终实现主站和所有从站之间的高效数据交互。

③ 实时性保障机制。

a. 时间同步管理：借助分布式时钟同步技术，在数据链路层实现各个从站之间的高精度时间同步。主站定期发送时钟同步信号和校正信号，从站根据这些信号调整自身时钟，确保在实时控制应用中各个设备的操作能够精确同步。

b. 优先级处理：为不同类型的数据（如实时控制数据和非实时数据）设置不同的优先级。在网络繁忙时，优先保证高优先级数据的传输，以满足工业控制对实时性的严格要求。

（3）物理层功能。

① 信号转换与传输：将数据链路层传来的数字信号转换为适合在物理介质上传输的模拟信号（电信号或光信号），并通过网线或光纤等介质进行传输。同时，在接收端将接收到的模拟信号转换回数字信号，供数据链路层处理。

② 物理介质特性定义：规定了网络所使用的物理介质类型（如双绞线、光纤等）、传输速率（如 100Mb/s）、信号编码方式（如曼彻斯特编码等）以及传输距离限制等物理特性。这些特性直接影响网络的性能和适用范围。

5. EtherCAT 数据帧格式

EtherCAT 数据直接嵌入在以太网数据帧中进行传输，只是采用了一种特殊的帧类型，该类型为 0x88A4，EtherCAT 数据帧结构如图 4-10 所示。

以太网帧头

6字节	6字节	2字节		44～1498字节	6字节
目的地址	源地址	帧类型（0x88A4）	EtherCAT头	EtherCAT数据	FCS

11位	1位	4位				
EtherCAT数据长度	保留位	类型	子报文	子报文	子报文	……

10字节	最多1486字节	2字节
子报文头	数据	WKC

8位	8位	32位	11位	4位	1位	16位
命令	索引	地址区	长度	R	M	状态位

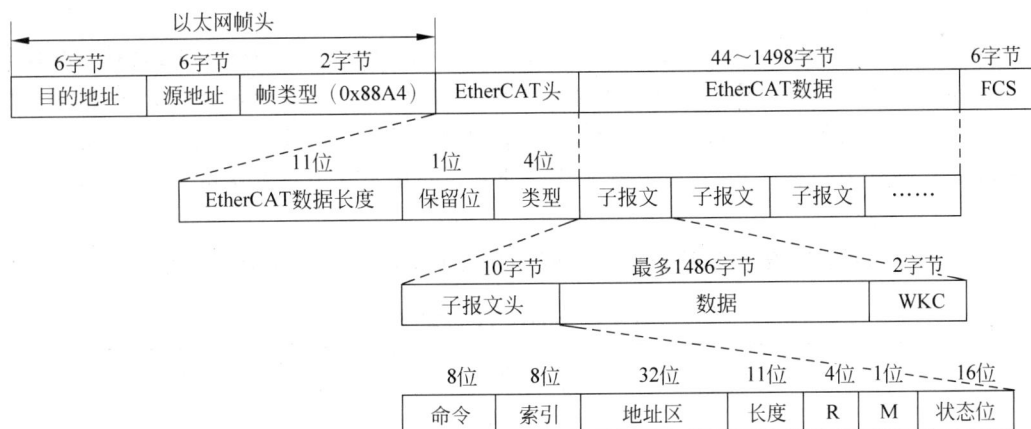

图 4-10　EtherCAT 报文嵌入以太网数据帧

EtherCAT 数据包由数据头以及数据实体两部分构成。其中，EtherCAT 的数据头包含 2 字节。在每个数据包当中，既可以仅仅包含一个 EtherCAT 子报文，也可以包含多个子报文。由于一个 EtherCAT 子报文是和一个从站相对应的，所以一个 EtherCAT 数据包能够对多个 EtherCAT 从站进行操作。其相应的数据长度范围是 44～1498 字节，表 4-2 为 EtherCAT 数据帧结构的定义，表 4-3 为 EtherCAT 子报文结构定义。

表 4-2　EtherCAT 数据帧结构的定义

名　　称	含　　义
目的地址	接收方 MAC 地址
源地址	发送方 MAC 地址
帧类型	0x88A4
EtherCAT 头：数据长度	EtherCAT 数据区长度，即所有子报文长度总和
EtherCAT 头：类型	1：表示与从站通信；其余保留
FCS(frame check sequence)	帧校验序列

表 4-3　EtherCAT 子报文结构定义

名　　称	含　　义
命令	寻址方式及读写方式
索引	帧编码
地址区	从站地址
长度	报文数据区长度
R	保留位
M	后续报文标志
状态位	中断来到标志
数据区	用户定义，子报文数据结构
WKC	工作计数器

1) 地址区字段

EtherCAT 通信的实现是通过由主站发送至从站的 EtherCAT 数据帧完成对从站设备内部存储区的读/写操作,EtherCAT 报文对 ESC 内部存储区有多种寻址操作方式,从而可以实现多种通信服务。EtherCAT 段内寻址有设备寻址和逻辑寻址两种方式。具备全部寻址方式的从站称为完整性从站,只具备部分寻址方式的从站称为基本从站。

2) 命令字段

不同命令通过信息传输系统最优化对所有存取方法的读/写,如表 4-4 所示。

表 4-4 EtherCAT 数据报

Cmd	Idx	Address	Offset	Len	R	C	R	M	IRQ
命令类型	访问方式	地 址	偏移地址	注 释					
NOP				无操作					
自动递增寻址	R、W、RW、RMW	位置(增量)	本地内存地址	位置值 0(在入口处)被寻址					
固定物理寻址	R、W、RW、RMW	地址(已配置)	本地内存地址	将地址值与本地地址寄存器匹配					
广播寻址	R、W、RW	(增量)	本地内存地址						
逻辑寻址	R、W、RW	32 位逻辑地址							

3) WKC 字段

WKC 字段(working counter,工作计数器)。当成功对 EtherCAT 设备进行寻址,并且顺利完成读操作、写操作或者读/写操作时,工作计数器就会增加。可以为每一个数据报分配一个工作计数器的值,这个值是依据预期报文要经过的所有设备数量来设定的。主站能够通过对比工作计数器的预期值和所有设备处理完毕的实际值,来检查 EtherCAT 数据报是否已经成功被处理,如表 4-5 所示。

表 4-5 数据报读/写处理情况

命 令	成 功	增 量
读命令	不成功	不变
	读成功	+1
写命令	不成功	不变
	写成功	+1
读/写命令	不成功	不变
	读成功	+1
	写成功	+2
	读/写成功	+3

4) 同步管理器

EtherCAT 的同步管理器(syncmanager)是 EtherCAT 通信协议中的一个重要组成部分,主要用于实现精确的时钟同步和数据同步。同步管理器是 EtherCAT 从站设备中的一个功能模块,负责处理与时钟同步和数据同步相关的任务。它确保网络中的各个从站设备能够在时间上保持高度同步,并能够准确地接收和处理来自主站的数据。

双端口随机存取存储器(dual-port random access memory,DPRAM)区域通常作为数

据存储的重要区域,同步管理器在实现时钟同步和数据同步的过程中,会利用 DPRAM 存储和交换数据。

6. 分布式时钟

EtherCAT 分布式时钟是一种在 EtherCAT 网络中实现各个设备之间精确时间同步的机制。它确保网络中的所有设备,包括主站和从站,都具有高度一致的时间基准,从而使不同设备的操作能够在时间上精确协调。与传统的独立时钟系统相比,EtherCAT 分布式时钟具有更高的精度和同步性。传统时钟系统中,各个设备的时钟可能存在较大的偏差,导致在需要精确时间同步的应用中出现问题。而 EtherCAT 分布式时钟通过特定的协议和算法,能够将时钟偏差控制在极小的范围内,通常可以达到纳秒级别。其工作原理如下。

(1) 主站发起同步:在系统启动时,主站首先向网络中的所有从站发送时钟同步信号。这个信号包含主站的当前时间信息,从站接收到这个信号后,根据其中的时间信息调整自己的时钟,使其与主站的时钟尽可能接近。

(2) 从站间时钟传播:从站在调整自己的时钟后,会将同步后的时间信息传播给下一个从站。这样,通过逐个从站的传播和调整,整个网络中的所有从站都能够逐渐与主站的时钟同步。

(3) 周期性校正:在系统运行过程中,主站会定期发送时钟校正信号,以补偿时钟漂移等原因导致的时间偏差。从站接收到校正信号后,再次调整自己的时钟,确保与主站的时钟保持高度同步。

7. 应用层

应用层充当着用户与网络之间的桥梁,在 EtherCAT 通信协议的层次架构里,它是与用户关联最为紧密和直接的层级。应用层能够直接和用户展开交互,达成面向具体应用程序以及控制任务等功能。EtherCAT 应用层为各类服务协议和应用程序明确了接口,从而使其能够契合应用层所规定的各种协议协同运作的要求。

EtherCAT 作为一种网络通信技术,对 CANopen 协议里的 CiA402 以及 SERCOS 协议的应用层(CoE 和 SoE)等多种符合行规的设备和协议予以支持。

1) EtherCAT 状态机

状态机构建于数据链路层,定义 EtherCAT 从站设备一般信息状态,如表 4-6 所示,指定对 EtherCAT 从站设备启用网络时初始化和错误处理,状态和主/从站之间通信关系一致,从站设备的请求状态和当前状态反应于应用层和应用层注册中,如图 4-11 所示,其流程对应操作如表 4-7 所示。

表 4-6　EtherCAT 从站设备一般信息状态

序号	状 态 名	状态名中文	注 释
1	Init	初始化状态	应用层没有数据交互,主站对数据传输信息注册
2	Pre-Operational	预运行状态	应用层上的邮箱通信。没有过程数据交互
3	Safe-Operational	安全运行状态	应用层上的邮箱通信。过程数据通信,但是仅是输入被评估,输出置于 Safe 状态
4	Operational	运行状态	输入和输出都是有效的
5	Bootstrap	引导状态	定义了固件更新。是可选的,在固件必须要更新时推荐选择,只能和 init 进行状态间转换,没有过程数据通信,通过应用层

表 4-7　EtherCAT 状态机初始化流程

状态及状态转换	主要操作
Init	初始状态,应用层无通信,主站只能读/写 ESC 寄存器
Init→Pre-Operational	主站配置从站地址寄存器: • 如果支持邮箱通信,则配置邮箱通道参数 • 如果支持分布时钟,则配置分布时钟参数 主站写状态控制寄存器,请求 Pre-Operational 状态切换
Pre-Operational	此时使用应用层的邮箱通信
Pre-Operational→Safe-Operational	主站使用邮箱初始化过程数据映射 主站配置过程数据通信使用的 SM 通道 配置内存管理单元 主站写状态控制寄存器,请求 Safe-Operational 状态切换
Safe-Operational	应用层支持邮箱数据通信 有过程数据通信,但只允许读输入数据,不产生输出信号
Safe-Operational→Operational	主站发送有效的输出数据 主站写状态寄存器,请求 Operational 状态切换
Operational	输入输出有效,仍可以使用邮箱通信

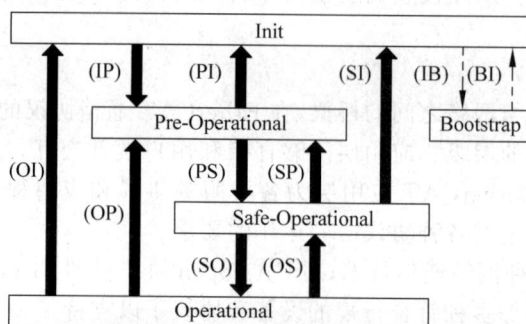

图 4-11　EtherCAT 状态机各个状态的转换

2) 邮箱传输

EtherCAT 的邮箱传输(mailbox communication)是 EtherCAT 通信协议中的一种通信方式,主要用于在主站和从站之间进行非实时性的数据交换。邮箱传输是一种基于存储转发机制的通信方式,类似于电子邮件系统。它允许主站和从站之间通过发送和接收消息进行数据交换,这些消息可以包含配置信息、诊断数据、命令和状态报告等。邮箱通信协议类型如表 4-8 所示。

表 4-8　邮箱通信协议类型

序号	类型	注释
1	EOE:Ethernet over EtherCAT	通过 EtherCAT 传输的标准以太网帧
2	COE:CANopen over EtherCAT	访问 CANopen 对象字典和它的对象,CANopen 紧急事件和事件驱动的 PDO 消息
3	FOE:file transfer over EtherCAT	下载上传固件和其他的一些文件
4	SOE:servo drive over EtherCAT	存取伺服轮廓检验(IDN)

4.3 工程训练：基于 Intewell 和飞腾派的机器人开发

4.3.1 训练目标

（1）了解 IgH EtherCAT 的原理，掌握在飞腾派 Intewell 操作系统配置 EtherCAT 的方法。

（2）掌握在飞腾派上使用 Intewell 操作系统，采用 EtherCAT 协议与伺服驱动器通信，实现对伺服电动机的控制。

4.3.2 实现的功能

在飞腾派开发板上的 Intewell 操作系统运行 IgH EtherCAT 工程，驱动汇川 SV660N 伺服电动机。

4.3.3 IgH 的介绍

IgH EtherCAT 作为开源项目，严格遵循 EtherCAT 通信协议规范进行开发。它实现了 EtherCAT 协议中规定的各种通信机制、数据帧结构、从站控制等功能，确保与其他符合 EtherCAT 标准的设备能够无缝通信。它为开发者提供了一种方便的方式来利用 EtherCAT 技术。它可以作为软件库或工具集，被集成到各种应用程序中，帮助开发者快速构建基于 EtherCAT 的工业自动化系统、测试设备、研究平台等。

在运动控制领域，IgH 主站可以与支持 EtherCAT 运动控制协议（如 CiA402）的从站设备协同工作，实现精确的运动控制，能够发送运动控制命令，如速度、位置指令等，并接收从站设备的反馈信息，如实际位置、速度等，以实现闭环控制。

状态机是 IgH 的核心，一切操作的执行都是基于状态机，每个 EtherCAT 主站实例都需要经过以下阶段，如图 4-12 所示。

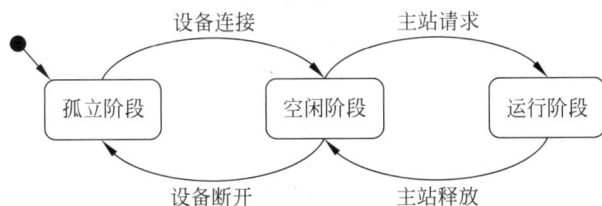

图 4-12　主站各阶段转换

（1）孤立阶段（orphaned phase）。

此时，主站实例已完成分配并进行了初始化操作，但仍在等待以太网设备的连接，也就是说，目前还未与网卡驱动建立联系，所以在此状态下无法使用总线进行通信。

（2）空闲阶段（idle phase）。

一旦主站与网卡完成绑定，idle 线程便开始运行，此时主站进入 idle 状态。在这一状态下，主站主要负责完成诸如从站拓扑扫描、配置站点地址等工作。在此阶段，虽然命令行工具可以对总线进行访问，然而由于总线配置尚不完善，所以还无法进行过程数据的交换。

（3）运行阶段（operation phase）。

当应用程序向主站请求提供总线配置并激活主站后，主站会处于运行状态，此时 idle 线程停止运行，内核线程转变为运行线程。在此之后，应用程序可以周期性地交换过程数据。

1. 主要结构体

1）struct ec_master（主站结构体）

```
struct ec_master {
    unsigned int index;                          //主站索引
    unsigned int reserved;                       //保留字段
    ec_cdev_t cdev;                              //可能与字符设备相关的结构体
# if LINUX_VERSION_CODE >= KERNEL_VERSION(2, 6, 26)
    struct device * class_device;                //设备结构体指针,根据内核版本不同定义方式不同
# else
    struct class_device * class_device;
# endif
# ifdef EC_RTDM
    ec_rtdm_dev_t rtdm_dev;                       //如果定义了 EC_RTDM,该结构体可能与实时设备相关
# endif
    struct semaphore master_sem;                 //主站信号量
    ec_device_t devices[EC_MAX_NUM_DEVICES];     //设备结构体数组,可能含多个设备信息
    const uint8_t * macs[EC_MAX_NUM_DEVICES];    //MAC 地址指针数组
# if EC_MAX_NUM_DEVICES > 1
    unsigned int num_devices;                    //设备数量,如果设备数量大于1,该字段有效
# endif
    struct semaphore device_sem;                 //设备信号量
    ec_device_stats_t device_stats;              //设备统计信息结构体
    ec_fsm_master_t fsm;                          //可能与主站有限状态机相关的结构体
    ec_datagram_t fsm_datagram;                   //可能与有限状态机数据报文相关的结构体
    ec_master_phase_t phase;                      //主站阶段
    unsigned int active;                          //主站是否处于激活状态标志
    unsigned int config_changed;                 //配置是否改变标志
    unsigned int injection_seq_fsm;              //有限状态机注入序列
    unsigned int injection_seq_rt;               //实时注入序列
    ec_slave_t * slaves;                          //从站结构体指针
    unsigned int slave_count;                     //从站数量
    /* Configuration applied by the application. */
    struct list_head configs;                     //配置链表
    struct list_head domains;                     //域链表
    u64 app_time;                                 //应用时间
    u64 dc_ref_time;                              //可能与分布式时钟参考时间相关
    ec_datagram_t ref_sync_datagram;              //参考同步数据报文结构体
    ec_datagram_t sync_datagram;                  //同步数据报文结构体
    ec_datagram_t sync_mon_datagram;              //同步监控数据报文结构体
    ec_slave_config_t * dc_ref_config;            //分布式时钟参考配置结构体指针
    ec_slave_t * dc_ref_clock;                    //分布式时钟参考从站结构体指针
    unsigned int scan_busy;                       //扫描繁忙标志
    unsigned int allow_scan;                      //是否允许扫描标志
    struct semaphore scan_sem;                    //扫描信号量
    wait_queue_head_t scan_queue;                 //扫描等待队列
    unsigned int config_busy;                     //配置繁忙标志
```

```
    struct semaphore config_sem;              //配置信号量
    wait_queue_head_t config_queue;           //配置等待队列
    struct list_head datagram_queue;          //数据报文链表
    uint8_t datagram_index;                   //数据报文索引
    struct list_head ext_datagram_queue;      //扩展数据报文链表
    struct semaphore ext_queue_sem;           //扩展队列信号量
    ec_datagram_t ext_datagram_ring[EC_EXT_RING_SIZE];    //扩展数据报文环形缓冲区
    unsigned int ext_ring_idx_rt;             //实时扩展环形缓冲区索引
    unsigned int ext_ring_idx_fsm;            //有限状态机扩展环形缓冲区索引
    unsigned int send_interval;               //发送间隔
    size_t max_queue_size;                    //最大队列大小
    ec_slave_t * fsm_slave;                   //有限状态机从站结构体指针
    struct list_head fsm_exec_list;           //有限状态机执行链表
    unsigned int fsm_exec_count;              //有限状态机执行计数
    unsigned int debug_level;                 //调试级别
    unsigned int run_on_cpu;                  //在哪个 CPU 上运行标志
    ec_stats_t stats;                         //统计信息结构体
    struct task_struct * thread;              //任务结构体指针,可能与主站线程相关
#ifdef EC_EOE
    struct task_struct * eoe_thread;          //如果定义 EC_EOE,该指针可能与特定线程相关
    struct list_head eoe_handlers;            //处理程序链表
#endif
    struct semaphore io_sem;                  //I/O 信号量
    void ( * send_cb)(void * );               //发送回调函数指针
    void ( * receive_cb)(void * );            //接收回调函数指针
    void * cb_data;                           //回调数据指针
    void ( * app_send_cb)(void * );           //应用发送回调函数指针
    void ( * app_receive_cb)(void * );        //应用接收回调函数指针
    void * app_cb_data;                       //应用回调数据指针
    struct list_head sii_requests;            //可能与某种请求链表相关
    struct list_head emerg_reg_requests;      //紧急注册请求链表
    wait_queue_head_t request_queue;          //请求等待队列
};
```

2) struct ec_domain(域结构体)

```
struct ec_domain
{
    struct list_head list;                    //链表节点,用于在特定链表中链接该结构体
    ec_master_t * master;                     //指向主站结构体的指针
    unsigned int index;                       //域的索引
    struct list_head fmmu_configs;            //可能与现场总线内存管理单元(FMMU)配置相关的链表
    size_t data_size;                         //域数据的大小
    uint8_t * data;                           //指向域数据的指针
    ec_origin_t data_origin;                  //数据来源类型枚举
    uint32_t logical_base_address;            //逻辑基地址
    struct list_head datagram_pairs;          //数据报文对链表
    uint16_t working_counter[EC_MAX_NUM_DEVICES];    //工作计数器数组,可能与多个设备相关
    uint16_t expected_working_counter;        //预期的工作计数器值
```

```
        unsigned int working_counter_changes;    //工作计数器变化标志
        unsigned int redundancy_active;           //冗余激活标志
        unsigned long notify_jiffies;             //通知时间戳(以 jiffies 为单位)
    };
```

3) struct ec_slave_config（从站配置结构体）

```
struct ec_slave_config {
        struct list_head list;                    //链表节点,用于在特定链表中链接该配置结构体
        ec_master_t * master;                     //指向主站结构体的指针
        uint16_t alias;                           //从站别名
        uint16_t position;                        //从站位置
        uint32_t vendor_id;                       //供应商 ID
        uint32_t product_code;                    //产品代码
        uint16_t watchdog_divider;                //看门狗分频器
        uint16_t watchdog_intervals;              //看门狗时间间隔
        ec_slave_t * slave;                       //指向对应的从站结构体的指针
        ec_sync_config_t sync_configs[EC_MAX_SYNC_MANAGERS]; //同步配置结构体数组,可能用于
                                                  //配置多个同步管理器
        ec_fmmu_config_t fmmu_configs[EC_MAX_FMMUS]; //现场总线内存管理单元(FMMU)配置结
                                                  //构体数组
        uint8_t used_fmmus;                       //已使用的 FMMU 数量
        uint16_t dc_assign_activate;              //分布式时钟分配激活值
        ec_sync_signal_t dc_sync[EC_SYNC_SIGNAL_COUNT];    //分布式时钟同步信号结构体数组
        struct list_head sdo_configs;             //服务数据对象(SDO)配置链表
        struct list_head sdo_requests;            //SDO 请求链表
        struct list_head soe_requests;            //可能是某种特定请求链表
        struct list_head voe_handlers;            //可能是特定处理程序链表
        struct list_head reg_requests;            //注册请求链表
        struct list_head soe_configs;             //可能是另一种特定配置链表
        struct list_head flags;                   //标志链表
        ec_coe_emerg_ring_t emerg_ring;           //紧急环形缓冲区结构体
    };
```

2. 常用的 API

1) ec_master_t * ecrt_request_master(unsigned int master_index)

功能：请求一个 EtherCAT 主站进行实时操作。

解释：在应用程序能够访问 EtherCAT 主站之前，它需预留一个主站以供独占使用。在用户空间，这是对 ecrt_open_master()和 ecrt_master_reserve()的一个函数。这个函数必须是应用程序在使用 EtherCAT 时首先调用的函数。该函数以主站的索引作为参数。第 1 个主站的索引为 0，第 n 个主站的索引为 $n-1$。主站的数量必须在加载主站模块时指定。

返回值：指向预留的主站的指针，否则为 NULL。

参数：master_index 为要请求的主站的索引。

2）ec_domain_t ＊ ecrt_master_create_domain（ec_master_t ＊ master）

功能：创建一个新的过程数据域。

解释：一个指向新域对象的指针。这个对象可以用于注册过程数据对象（PDO）并在循环操作中进行交换。此方法会分配内存，并且应该在 ecrt_master_activate（）之前在非实时上下文中调用。

返回值：指向预留的主站的指针，否则为 NULL。

参数：master 为 EtherCAT 主站。

3）ec_slave_config_t ＊ ecrt_master_slave_config（ec_master_t ＊ master，uint16_t alias，uint16_t position，uint32_t vendor_id，uint32_t product_code）

功能：获取从站配置。

解释：为给定的别名和位置元组创建一个从站配置对象并返回它。如果具有相同别名和位置的配置已经存在，它将被重复使用。在后一种情况下，会将给定的供应商 ID 和产品代码与已存储的进行比较。如果不匹配，将显示错误消息并返回 NULL。

从站通过别名和位置参数进行寻址。如果别名为零，位置被解释为所需从站的环形位置。如果别名为非零，它将匹配具有给定别名的从站。在这种情况下，位置被解释为从具有别名的从站开始的环形偏移量，所以位置为零意味着具有别名的从站本身，正值匹配具有别名的从站后面的第 n 个从站。如果在总线配置期间找到具有给定地址的从站，其供应商 ID 和产品代码将与给定的值进行匹配。如果不匹配，该从站将不会被配置，并显示错误消息。如果在总线配置期间不同的从站配置指向同一个从站，将显示警告，并且仅应用第一个配置。

此方法会分配内存，并且应该在 ecrt_master_activate（）之前在非实时上下文中调用。

返回值：大于 0 则指向从站配置结构的指针，NULL 指在错误情况下。

参数：master 为 EtherCAT 主站；alias 为从站名；position 为从站位置；vendor_id 为供应商 ID；product_code 为产品代码。

4）int ecrt_slave_config_pdos（ec_slave_config_t ＊ sc，unsigned int n_syncs，const ec_sync_info_t syncs）

功能：指定完整的过程数据对象（PDO）配置。

解释：此函数是对 ecrt_slave_config_sync_manager（）、ecrt_slave_config_pdo_assign_clear（）、ecrt_slave_config_pdo_assign_add（）、ecrt_slave_config_pdo_mapping_clear（）和 ecrt_slave_config_pdo_mapping_add（）这些函数的便捷封装，它们更适合自动代码生成。

如果满足以下条件，同步的处理将停止：处理的条目数量达到 n_syncs，或者一个 ec_sync_info_t 项的 index 成员为 0xff。在这种情况下，n_syncs 应设置为一个大于列表项数量的数字；建议使用 EC_END。此方法必须在 ecrt_master_activate（）之前的非实时上下文中调用。

返回值：成功时返回零；否则，返回非零值。

参数：sc 为从站配置；n_syncs 为 syncs 中的同步管理器配置数量；syncs 为同步管理器配置的数组。

5）int ecrt_domain_reg_pdo_entry_list（ec_domain_t ＊ domain，const ec_pdo_entry_reg_t ＊ pdo_entry_regs）

功能：为一个域注册一组过程数据对象（PDO）条目。

解释：此方法必须在 ecrt_master_activate（）之前的非实时上下文中调用。另请参阅：

ecrt_slave_config_reg_pdo_entry()。

注意：注册数组必须以一个空结构或一个索引字段设置为零的结构结尾。

返回值：成功时返回 0；否则，返回非零值。

参数：domain 为域；pdo_entry_regs 为 PDO 注册的数组。

6）void ecrt_slave_config_dc(ec_slave_config_t * sc，uint16_t assign_activate，uint32_t sync0_cycle，int32_t sync0_shift，uint32_t sync1_cycle，int32_t sync1_shift)

功能：配置分布式时钟。

解释：设置分配激活字以及同步信号的周期和偏移时间。分配激活字是特定于供应商的，可以从 XML 设备描述文件（设备→分布式时钟→分配激活）中获取。如果从站应在没有分布式时钟的情况下运行（默认情况），则将此设置为零。此方法必须在 ecrt_master_activate()之前的非实时上下文中调用。

注意：同步 1 的偏移时间将被忽略。

返回值：无。

参数：sc 为从站配置；assign_activate 为分配激活字；sync0_cycle 为同步 0 的周期时间，ns；sync0_shift 为同步 0 的偏移时间，ns；sync1_cycle 为同步 1 的周期时间，ns；sync1_shift 为同步 1 的偏移时间，ns。

7）int ecrt_master_activate(ec_master_t * master)

功能：结束配置阶段并为循环操作做准备。

解释：此函数通知主站配置阶段已完成，实时操作即将开始。该函数为域分配内部内存，并为域成员计算逻辑现场总线内存管理单元（FMMU）地址。它告知主站状态机现在要应用总线配置。

注意：在调用此函数后，实时应用程序负责周期性地调用。ecrt_master_send()和 ecrt_master_receive()以确保总线通信。在调用此函数之前，主站线程负责此操作，所以这些函数不能被调用。该方法本身会分配内存，并且不应在实时上下文中调用。

返回值：成功时返回 0；否则，返回小于 0 的值。

参数：master 为 EtherCAT 主站。

8）uint8_t * ecrt_domain_data(ec_domain_t * domain)

功能：返回域的过程数据。

解释：在内核上下文中，如果使用 ecrt_domain_external_memory()提供的外部内存，返回的指针将包含该内存的地址；否则，它将指向内部分配的内存。在后一种情况下，此方法在 ecrt_master_activate()之前不能被调用。在用户空间上下文中，此方法必须在 ecrt_master_activate()之后调用，以获取映射的域过程数据内存。

返回值：指向过程数据内存的指针。

参数：domain 为域。

4.3.4 驱动器和电动机

伺服驱动器选用的型号为汇川 SV660NS1R6I，是一款网络型驱动器，电压等级为220V，额定输出电流为 1.6A，其部件如图 4-13 所示。电动机选用的型号为汇川 MS1H1-20B30CB-A331R，是一款低惯性、小容量的伺服电动机，额定功率为 200W，额定转速为3000r/min，电压等级为220V，内置23位多圈绝对值编码器，其部件如图 4-14 所示。

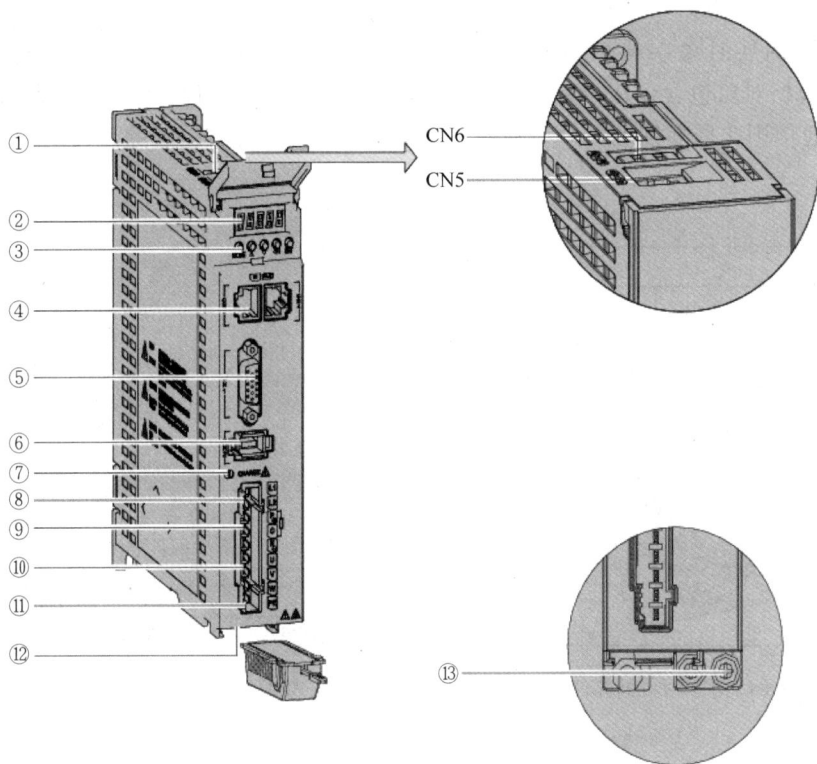

图 4-13　伺服驱动器部件说明示意图

　　① CN6(STO 安全功能端子)。STO 功能安全端子:主要用于功能安全场合,外部功能安全信号接入;CN5 通信端子:与 RS-232 通信指令装置连接的端口。

　　② 数码管显示器。5 位 8 段 LED 数码管用于显示伺服的运行状态及参数设定。

　　③ 按键操作器。MODE:依次切换功能码;△:增加当前闪烁位设置值;▽:减少当前闪烁位设置值;◁:当前闪烁位左移,(长按:显示多于 5 位时翻页)SET:保存修改并进入下一级菜单。

　　④ CN3、CN4(EtherCAT 通信端子)。EtherCAT 网络连接口,CN3(IN)连接至主站或上一台从站设备,CN4(OUT)连接至下一台从站设备。

　　⑤ CN1(控制端子)。指令输入信号及其他输入/输出信号用端口。

　　⑥ CN2(编码器连接用端子)。与电动机编码器端子连接。

　　⑦ CHARGE(母线电压指示灯)。用于指示母线电容处于有荷状态。指示灯亮时,即使主回路电源关闭,伺服单元内部电容器可能仍存有电荷。因此,灯亮时请勿触摸电源端子,以免触电。

　　⑧ L1、L2(电源输入端子)。参考铭牌额定电压等级输入电源。

　　⑨ P+、N-(伺服母线端子)。直流母线端子,用于多台伺服共直流母线;P+、C(外接制动电阻连接端子):需要外接制动电阻时,将其接于 P+、C 之间。

　　⑩ U、V、W(伺服电动机连接端子)。连接伺服电动机 U、V、W 相。

　　⑪ 电动机接地端子。与电动机接地端子连接,进行接地处理。

　　⑫ 电池盒安装位。使用绝对值编码器时,将电池盒安装至该位置。

　　⑬ 电源接地端子。与电源接地端子连接,进行接地处理。

4.3.5　通信传输方式

　　1) EtherCAT 通信结构

　　使用 EtherCAT 通信可以有多种的应用层协议,在 SV660N 伺服驱动器中,采用的是 IEC 61800-7 (CiA402)-CANopen 运动控制子协议。图 4-15 是基于 CANopen 应用层的

EtherCAT 通信结构。

图中,应用层对象字典里包含通信参数、应用程序数据,以及 PDO 的映射数据等。PDO 过程数据对象包含伺服驱动器运行过程中的实时数据,且周期性地进行读/写访问。SDO 邮箱通信则非周期性地对一些通信参数对象、PDO 过程数据对象进行访问修改。

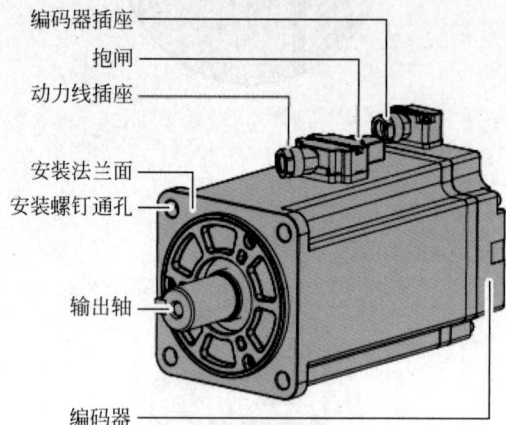

图 4-14 端子型伺服电动机部件说明示意图

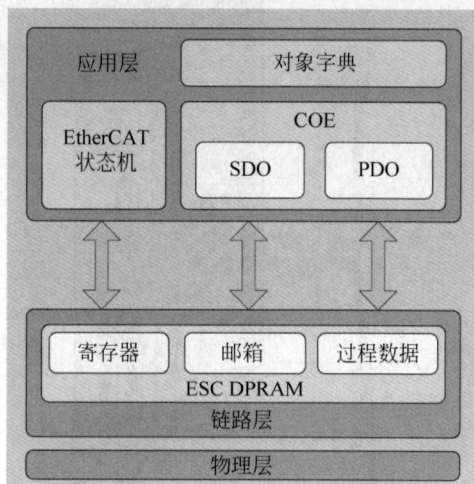

图 4-15 基于 CANopen 应用层的
EtherCAT 通信结构

2) 通信状态机

使用 SV660N 伺服驱动器必须按照规定的流程引导伺服驱动器,如图 4-16 所示,伺服才可运行于指定的状态。控制命令与状态切换如表 4-9 所示。

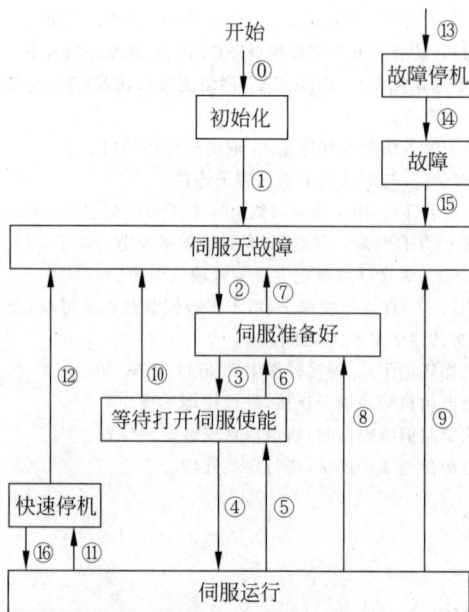

图 4-16 CiA402 状态机切换图

表 4-9　控制命令与状态切换

	状 态 切 换	控制字 6040h	状态字 6041h 的 bit0～bit9[1]
0	上电→初始化	自然过渡,无须控制指令	0x0000
1	初始化→伺服无故障	自然过渡,无须控制指令若初始化中发生错误,直接进入 13	0x0250/0x270
2	伺服无故障→伺服准备好	0x0006	0x0231
3	伺服准备好→等待打开伺服使能	0x0007	0x0233
4	等待打开伺服使能→伺服运行	0x000F	0x0237
5	伺服运行→等待打开伺服使能	0x0007	0x0233
6	等待打开伺服使能→伺服准备好	0x0006	0x0231
7	伺服准备好→伺服无故障	0x0000	0x0250
8	伺服运行→伺服准备好	0x0006	0x0231
9	伺服运行→伺服无故障	0x0000	0x0250
10	等待打开伺服使能→伺服无故障	0x0000	0x0250
11	伺服运行→快速停机	0x0002	0x0217
12	快速停机→伺服无故障	快速停机方式 605A 选择为 0～3,停机完成后,自然过渡,无须控制指令	0x0250
13	→故障停机	除"故障"外其他任意状态下,伺服驱动器一旦发生故障,自动切换到故障停机状态,无须控制指令	0x021F
14	故障停机→故障	故障停机完成后,自然过渡,无须控制指令	0x0218
15	故障→伺服无故障	0x80 bit7 上升沿有效; bit7 保持为 1,其他控制指令均无效	0x0250
16	快速停机→伺服运行	快速停机方式 605A 选择为 5～7,停机完成后,发送 0x0F	—

4.3.6　通信数据帧结构

EtherCAT 实时数据传输通过过程数据(process data object)实现。根据数据传输方向,PDO 可分为 RPDO(reception PDO) 和 TPDO(trasmission PDO),RPDO 将主站数据传送到从站,TPDO 将从站数据反馈至主站,如图 4-17 所示。

SV660N 支持用户自主分配 PDO 列表,自主定义 PDO 映射对象。

PDO 映射用于建立对象字典与 PDO 的映射关系。1600h～17FFh 为 RPDO,1A00h～1BFFh 为 TPDO,SV660N 系列的伺服驱动器具有 6 个 RPDO 和 5 个 TPDO 可供选用,如表 4-10 所示。这里 RPDO 选用 1600h,TPDO 选用 1A00h。

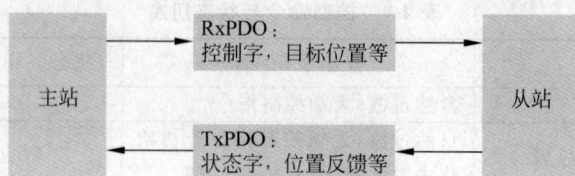

图 4-17　EtherCAT 实时数据传输流程

表 4-10　对象字典与 PDO 的映射关系

RPDO(6 个)	1600h	可变映射
	1701h~1705h	固定映射
TPDO(5 个)	1A00h	可变映射
	1B01h~0x1B04h	固定映射

在可变 PDO 映射，SV660N 提供了 1 个可变的 RPDO 和 1 个可变的 TPDO 供用户使用，如表 4-11 所示。

表 4-11　可变 PDO 默认映射情况

可变 PDO	索引	最大映射个数/个	最长字节/B	默认映射对象
RPDO1	1600h	10	40	6040(控制字) 607A(目标位置) 60B8(探针功能)
TPDO1	1A00h	10	40	603F(错误码) 6041(状态字) 6064(位置反馈) 60BC(探针 2 上升沿位置反馈) 60B9(探针状态) 60BA(探针 1 上升沿位置反馈) 60FD(DI 状态)

默认映射对象可以根据需要调整，本次映射对象选用 6040(控制字)、607A(目标位置)、6060(模式选择)、603F(错误码)、6041(状态字)、6061(模式显示)、6064(位置反馈)。

在 6000h 对象词典查出对应功能，如表 4-12~表 4-21 所示。

表 4-12　6040h 功能

6040h(控制字)					
16 进制参数	6040h	生效方式		实时生效	
最小值	0	单位		无	
最大值	65535	数据类型		无符号 16 位	
默认值	0	更改方式		实时更改	
设定值	0~65535				
设定说明	设置控制指令，如表 4-13 所示				

表 4-13 控制指令功能

bit	名 称		描 述
0	可以开启伺服运行	switch on	1—有效,0—无效
1	接通主回路电	enable voltage	1—有效,0—无效
2	快速停机	quick stop	0—有效,1—无效
3	伺服运行	enable operation	1—有效,0—无效

周期同步位置模式,仅支持绝对位置指令

表 4-14 轮廓位置模式

607Ah(目标位置)

16 进制参数	607Ah	生效方式	实时生效
最小值	−2147483648	单位	指令单位
最大值	2147483647	数据类型	有符号 32 位
默认值	0	更改方式	实时更改
设定值	−2147483648 指令单位～2147483647 指令单位		
设定说明	设置轮廓位置模式下的伺服目标位置,如表 4-15 所示		

表 4-15 6040h 的 bit6 设定值说明

bit6	描 述	备 注
0	607Ah 是当前段的目标绝对位置	当前段定位完成后,用户绝对位置 6064h＝607Ah
1	607Ah 是当前段的目标增量位移	当前段定位完成后,用户位移增量＝607Ah

表 4-16 6060h 功能

6060h(控制字)

16 进制参数	6060h	生效方式	实时生效
最小值	0	单位	无
最大值	11	数据类型	无符号 8 位
默认值	0	更改方式	实时更改
设定值	1:轮廓位置模式(pp)　　3:轮廓速度模式(pv) 4:轮廓转矩模式(pt)　　6:回零模式(hm) 8:csp 模式　　9:csv 模式 10:cst 模式		
设定说明	通过 SDO 设置了不支持的伺服模式,将返回 SDO 错误; 通过 PDO 设置了不支持的伺服模式,伺服模式更改无效		

表 4-17　603Fh 功能

603Fh(错误码)			
16 进制参数	603Fh	生效方式	—
最小值	0	单位	—
最大值	65535	数据类型	无符号 16 位
默认值	0	更改方式	不可更改
设定值	0～65535		
设定说明	驱动器出现与 DSP402 子协议描述错误时,603Fh 与 DS402 协议规定一致。驱动器出现用户所指定的异常情况时,603Fh 为 0xFF00,603F 数值为 16 进制数据。另有对象字典 203Fh 以 16 进制数据显示故障码的辅助字节:203Fh 为 Uint32 数据,高 16 位为厂商内部故障码,低 16 位为厂商外部故障码		

表 4-18　6041h 功能

6041h(控制字)			
16 进制参数	6041h	生效方式	—
最小值	0	单位	—
最大值	65535	数据类型	无符号 16 位
默认值	0	更改方式	实时更改
设定值	0～65535		
设定说明	反映伺服状态,如表 4-19 所示		

表 4-19　伺服状态

bit	名　　称		描　　述
0	伺服准备好	ready to switch on	1—有效,0—无效
1	可以开启伺服运行	switch on	1—有效,0—无效
2	伺服运行	operation enabled	1—有效,0—无效
3	故障	fault	1—有效,0—无效
4	主回路电接通	voltage enabled	1—有效,0—无效
5	快速停机	quick stop	1—有效,0—无效
6	伺服不可运行	switch on disabled	1—有效,0—无效
7	警告	warning	1—有效,0—无效
8	厂家自定义	manufacturer-specific	未定义功能
9	远程控制	remote	1—有效,控制字生效 0—无效
10	目标到达	target reach	不支持,始终为 1
11	软件内部位置超限	internal limit active	0—位置指令未超限 1—位置指令超限
12	从站跟随指令	drive follow the command value	不支持,始终为 1
13	跟随误差	following error	0—没有位置偏差过大故障 1—发生位置偏差过大故障
14	厂家自定义	manufacturer-specific	未定义功能
15	原点已找到	home find	0—原点回零未完成 1—原点回零完成

表 4-20　6061h 功能

6061h（运行模式显示）			
16 进制参数	6061h	生效方式	—
最小值	0	单位	
最大值	10	数据类型	无符号 8 位
默认值	0	更改方式	不可更改
设定值	1：轮廓位置模式（pp）　4：轮廓转矩模式（pt）　7：插补模式（ip）　8：csp 模式	3：轮廓速度模式（pv）　6：回零模式（hm）　9：esv 模式　10：cst 模式	
设定说明	反映伺服实际运行模式		

表 4-21　6064h 功能

6064h（位置反馈）			
16 进制参数	6064h	生效方式	—
最小值	0	单位	
最大值	10	数据类型	无符号 8 位
默认值	0	更改方式	不可更改
设定值	1：轮廓位置模式（pp）　4：轮廓转矩模式（pt）　7：插补模式（ip）　8：csp 模式	3：轮廓速度模式（pv）　6：回零模式（hm）　9：csv 模式　10：cst 模式	
设定说明	反映伺服实际运行模式		

4.3.7　编写程序

在进行程序编写前，需要先获取驱动器的 Vendor ID（厂商识别码）和 Product Code（产品标识码），这需要联系供应商获取其 SV660N 系列 EtherCAT 通信 XML 文件，从中查出它的 Vendor ID 为 0x00100000，Product Code 为 0x000c010d。

本次实例使用的是周期同步位置模式（csp），每个周期目标位置增加 1000 个脉冲，主站完成位置指令规划，然后将规划好的目标位置周期性地发送给伺服驱动器，位置、速度、转矩控制由伺服驱动器内部完成。具体实现流程和代码如下。

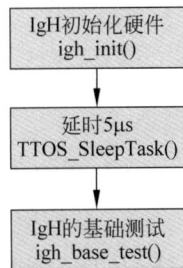

图 4-18　userAppInit() 用户
入口函数流程图

（1）用户入口函数 userAppInit()，其流程如图 4-18 所示。userAppInit.c 其代码如下。

```
1. # include < commonTypes.h >
2. # include < rtdev.h >
3. int userAppInit(void)
4. {
5.   igh_init(EC_USR_NETWORK_HAL_DRV | 1);
6.   TTOS_SleepTask(5 * VMK_GetSysClkRate());
7.   igh_base_test();
```

```
8.    return 0;
9. }
```

（2）测试函数 igh_base_test()，其流程如图 4-19 所示。

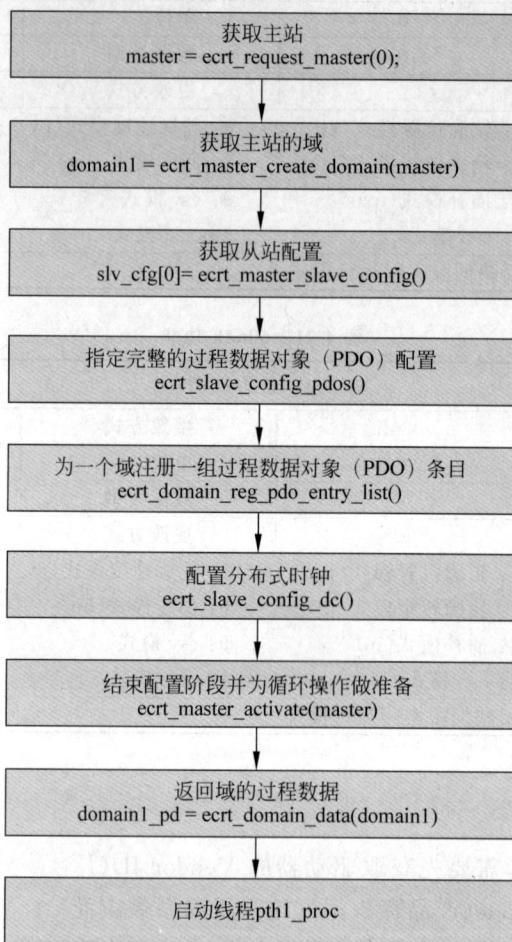

图 4-19   igh_base_test()测试函数流程图

igh_base_test 函数主要实现代码如下。

```
1. int igh_base_test(void)
2. {
3.     T_TTOS_ReturnCode ttos_ret = 0;
4.     int ret;
5.     pthread_attr_t attr;
6.     printf("Requesting master...\n");
7.     master = ecrt_request_master(0);
8.     if (!master)
9.     {
10.      return -1;
11.     }
12.     domain1 = ecrt_master_create_domain(master);
13.     if (!domain1)
```

```
14.      {
15.        return -1;
16.      }
17.      printf("Creating slave configurations...\n");
18.      slv_cfg[0] = ecrt_master_slave_config(master, BusCoupler1_Pos, INOVANCE_InoSV660N);
19.      if (!slv_cfg[0])
20.      {
21.       printf("Failed to get slave configuration.\n");
22.        return -1;
23.      }
24.      if (ecrt_slave_config_pdos(slv_cfg[0], EC_END, slave_0_syncs))
25.      {
26.       printf("Failed to configure PDOs.\n");
27.        return -1;
28.      }
29.
30.      if (ecrt_domain_reg_pdo_entry_list(domain1, domain1_regs))
31.      {
32.       printf("PDO entry registration failed!\n");
33.        return -1;
34.      }
35.      //configure SYNC signals for this slave
36.      ecrt_slave_config_dc(slv_cfg[0], DC_SYNC0_EN, DC_SYNC_CYCLE_TIME, DC_SYNC_SHIFT_TIME, 0, 0);
37.      printf("Activating master...\n");
38.      if (ecrt_master_activate(master))
39.      {
40.        return -1;
41.      }
42.      if (!(domain1_pd = ecrt_domain_data(domain1)))
43.      {
44.       printf("Failed to get domain data pointer.\n");
45.        return -1;
46.      }
47.      printf("TTOS is running, wait %d hour %d min %d sec......\n", T_HOR, T_MIN, T_SEC);
48.      printf("Create pth1_proc...\n");
49.      pthread_attr_init(&attr);
50.      pthread_attr_setschedprio(&attr, PTHREAD_MAXIMUM_PRIORITY);
51.      ret = pthread_create(&pth1, &attr, (void *)pth1_proc, NULL);
52.      if (ret < 0)
53.      {
54.       printf("Failed to create task: %s\n", strerror(-ret));
55.        return -1;
56.      }
57.      return 0;
58. }
```

（3）线程 pth1_proc，其流程如图 4-20 所示。

由于代码篇幅大，涉及时钟同步的处理，以下只给出流程实现代码。

```
1. void pth1_proc(void *arg)
2. {
```

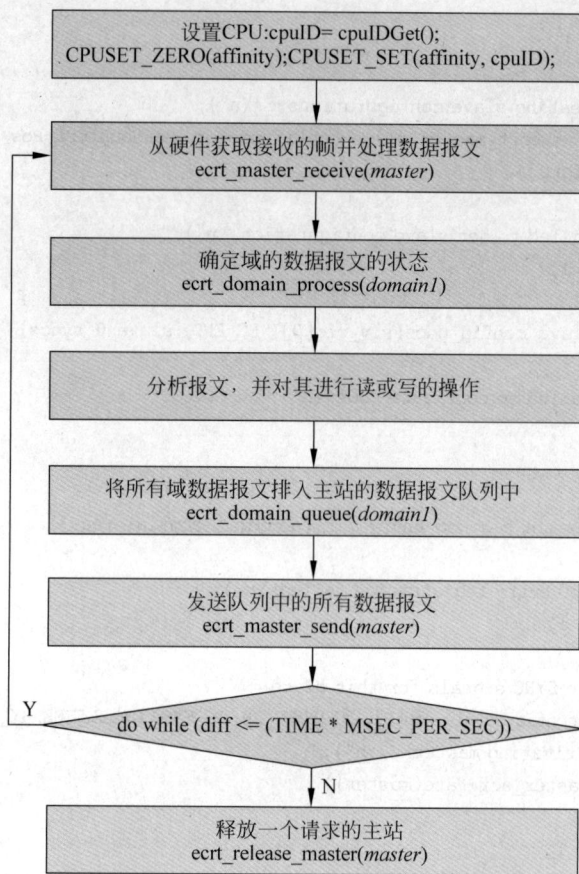

图 4-20　pth1_proc 线程运行流程图

```
3.      cpuset_t affinity;
4.      T_UWORD cpuID;
5.      uint16_t state[SLAVE_NUM];
6.      int32_t target_position[SLAVE_NUM] = { 0 };
7.      T_WORD i = 0;
8.      T_WORD ii = 0;
9.      cpuID = cpuIDGet();
10.     CPUSET_ZERO(affinity);
11.     CPUSET_SET(affinity, cpuID);
12.     pthread_setaffinity_np(pth1, sizeof(affinity), &affinity);
13.     printf("Start IGH test...\n");
14.     /* 打印影响周期同步时序，需关闭打印或使用 agent 模式打印 */
15.     TTOS_SleepTask(5 * VMK_GetSysClkRate());
16.     do
17.     {
18.      ecrt_master_receive(master);
19.      ecrt_domain_process(domain1);
20.      for (i = 0; i < SLAVE_NUM; i++)
21.      {
22.        state[i] = EC_READ_U16(domain1_pd + status_word_off[i]);
23.        //清理伺服常规故障
```

```
24.        if (state[i] == 0x218)
25.        {
26.          EC_WRITE_U16(domain1_pd + control_word_off[i], 0x80);
27.        }
28.        if(state[i] == 0)
29.        {
30.          //设置操作模式
31.          EC_WRITE_U16((domain1_pd + control_word_off[i]), 0x0);
32.          EC_WRITE_U8((domain1_pd + modes_of_operation_off[i]), 8);
33.        }
34.        if((state[i] & 0x2ff) == 0x250)
35.        {
36.          //准备好伺服
37.          EC_WRITE_U16((domain1_pd + control_word_off[i]), 0x6);
38.        }
39.        else if((state[i] & 0x2ff) == 0x231)
40.        {
41.          //使能伺服
42.          EC_WRITE_U16((domain1_pd + control_word_off[i]), 0x7);
43.        }
44.        else if((state[i] & 0x2ff) == 0x233)
45.        {
46.          //伺服运行
47.          EC_WRITE_U16((domain1_pd + control_word_off[i]), 0xf);
48.          //设置位置
49.          target_position[i] = EC_READ_S32(domain1_pd + position_actual_valve_off[i]);
50.          EC_WRITE_S32((domain1_pd + profile_target_position_off[i]), target_position);
51.        }
52.        else if((state[i] & 0x2ff) == 0x237)
53.        {
54.          //控制伺服运动
55.          target_position[i] += POSITION_THRESHOLD;
56.          EC_WRITE_S32(domain1_pd + profile_target_position_off[i], target_position[i]);
57.        }
58.      }
59.      ecrt_domain_queue(domain1);
60.      delay_125us(); /* 50 % 时间的负载 */
61.      ecrt_master_send(master);
62.    } while (diff <= (TIME * MSEC_PER_SEC));
63.    //避免主站退出产生错误打印
64.    for (; ; ) { TTOS_SleepTask(VMK_GetSysClkRate()); }
65.    ecrt_release_master(master);
66. }
```

4.3.8　工程调试

1. 硬件连接

在测试前需要将计算机、飞腾派、汇川 SV660N 驱动器和电动机连接起来,其连接示意
如图 4-21 所示,实物连接图如图 4-22 所示。

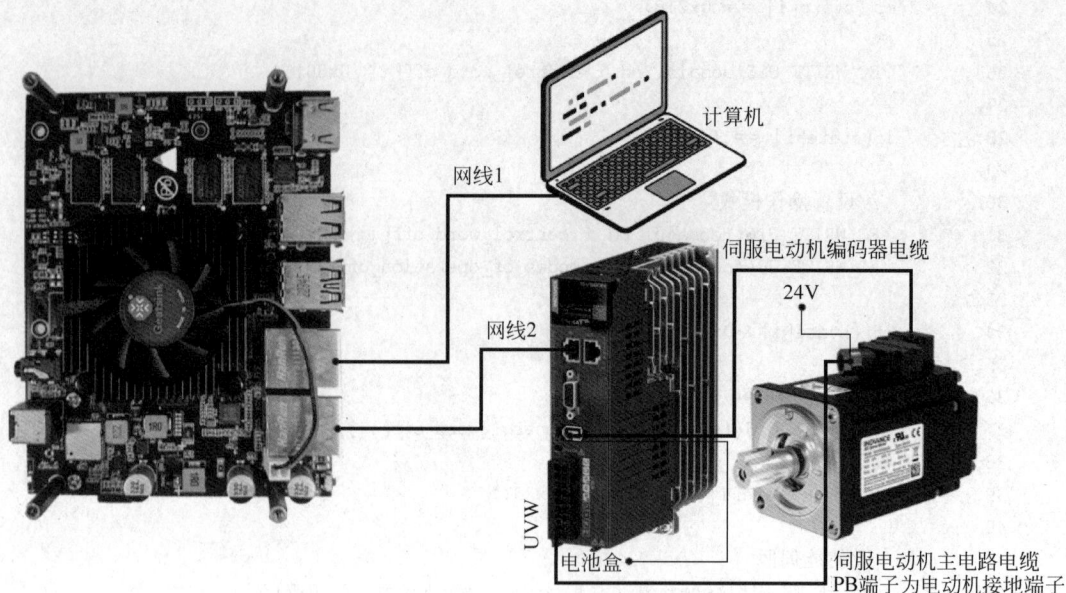

图 4-21　示意连接图

图 4-22　实物连接图

2. 编译工程和配置

(1) 新建 Intewell 应用项目。在 Intewell Developer 的"C/C++项目"空白处右击,选择"新建"→"项目"→Intewell RTOS Extension→"应用项目"菜单命令,打开"新建项目"→"选择向导"对话框,如图 4-23 所示。

(2) 板极支持包选择 PhytiumPi,项目名称命名(如 ethercat),如图 4-24 所示。

(3) 新建 SV660N. c 文件,在项目中输入代码,右击 ethercat 应用工程,选择"重建项目"命令,可在工程中查看到生成对应的二进制 ethercat. bin 文件。

图 4-23 新建应用项目

图 4-24 输入项目名称

（4）根据硬件连接图，连接飞腾派，如图 4-22 所示，打开 toolbox 上的配置服务器→编辑 vm1 虚拟机→添加设备→配置 GEM1 网卡和一个虚拟网卡，如图 4-25 和图 4-26 所示，IP 无强制指定，但建议在同一个网段。

（5）上传在 Intewell Developer 编译的二进制 bin 文件，如图 4-27 所示。

编辑   ✕

硬件   选项

设备   摘要   属性

虚拟机名称   vm1   类型 *   physic   ⌄

CPU   1核   设备 *   GEM1   ⌄

内存   200MB   IP *   192.168.1.70

镜像   <待新增...>   子网掩码 *   255.255.255.0

▼ 网卡   1个   网关   请输入

  网卡   MAC地址   非必填项,可自动生成

                    添加设备 移除设备

                                              确认   取消

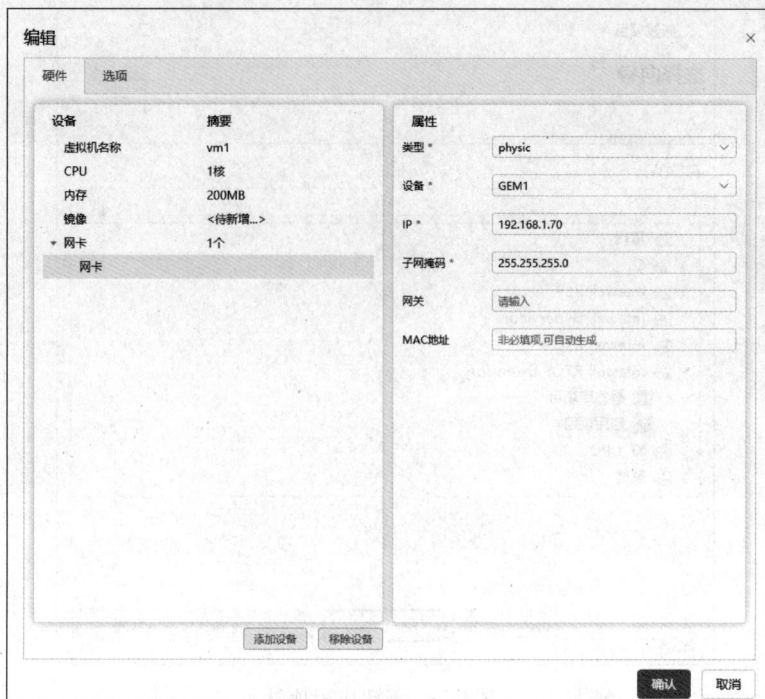

图 4-25   GEM1 网卡

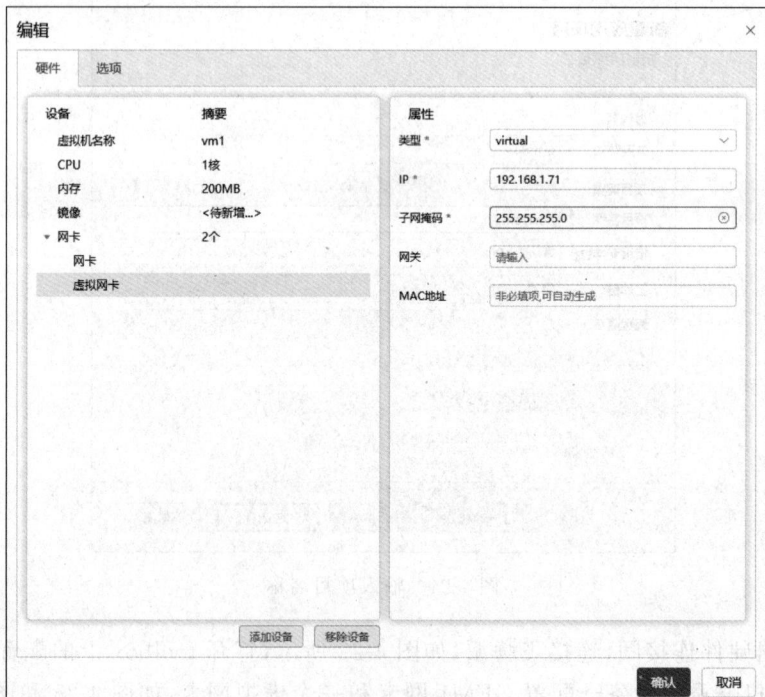

编辑   ✕

硬件   选项

设备   摘要   属性

虚拟机名称   vm1   类型 *   virtual   ⌄

CPU   1核   IP *   192.168.1.71

内存   200MB   子网掩码 *   255.255.255.0   ⊗

镜像   <待新增...>   网关   请输入

▼ 网卡   2个   MAC地址   非必填项,可自动生成

  网卡

  虚拟网卡

                    添加设备 移除设备

                                              确认   取消

图 4-26   虚拟网卡

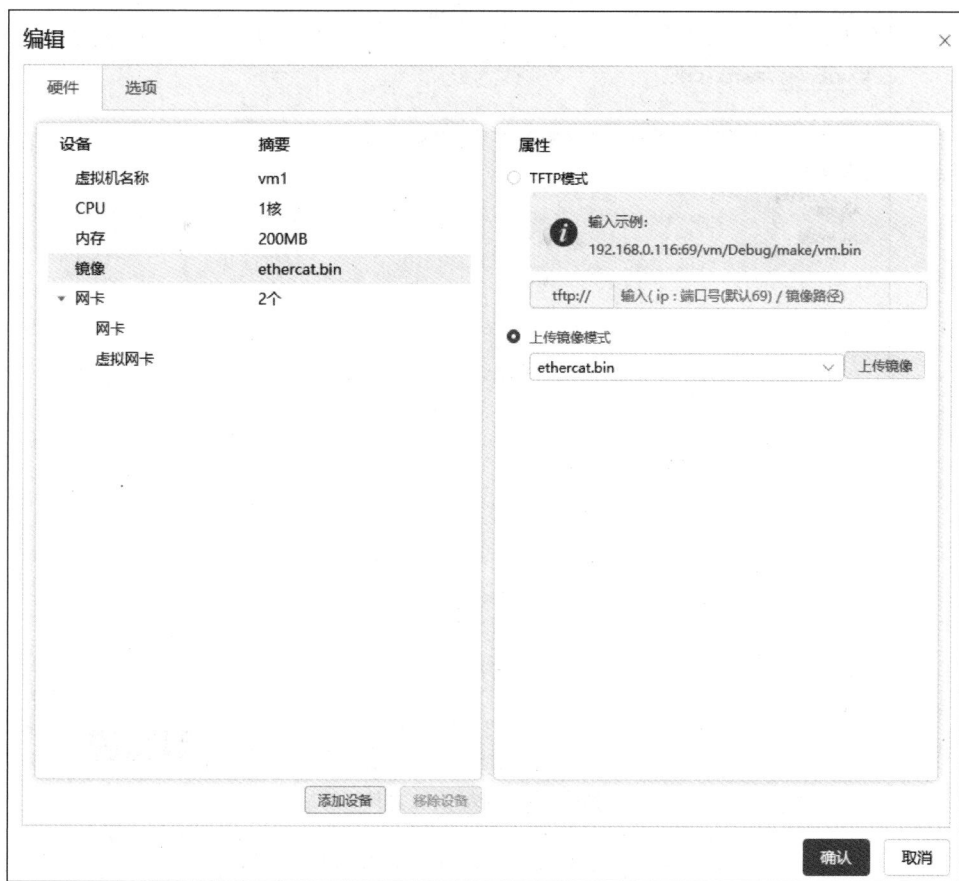

图 4-27   上传镜像文件

（6）因 EtherCAT 性能要求，需要修改系统定时器 tick 时间，且该版本的配置服务器未开放该配置选项。需要用户操作第三方软件，并通过网络发送数据完成设置。在 Windows 系统安装支持离线使用的 Apipost 7（版本号 7.2.6）。

（7）打开 Apipost 软件，无须登录，左上角确认时处于离线状态。导入 Intewell 设置 tick 工程.json 文件（文件在资源里），数据来源选择 apipost，如图 4-28 所示。

导入成功后，可在左侧工程中查看到两个接口，如图 4-29 所示。

（8）打开左侧"全部接口"→"tick 管理"→"tick 管理_查询实时系统 tick1000 配置_正常用例"，该用例是获取 tick 值，对比是否为 1000。单击图 4-30 中的 IP 设置位置，根据实际飞腾派的管理口 IP 修改（管理口 IP 可在 toolbox→"设备"上查看）。

修改 IP 地址如图 4-31 所示（保留 IP 后的端口号"：5556"）。

（9）单击"发送"按钮，查看图 4-32 中实时响应栏中的"micro_sec_per_tick"：100，该值为当前的 tick 实际值。

（10）打开左侧"全部接口"→"tick 管理"→"tick 管理_修改系统 tick100_正常用例"，单击"发送"按钮，返回值如图 4-33 所示方框处。

（11）通过 toolbox 打开配置服务器，单击"生效"→"绿色生效"按钮，如图 4-34 所示。

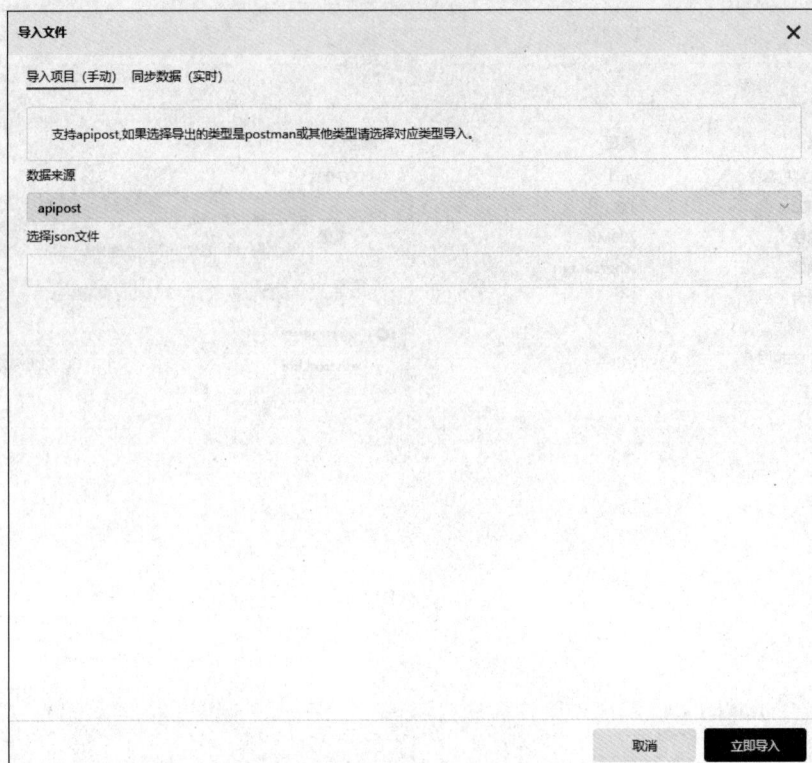

图 4-28　导入 json 文件

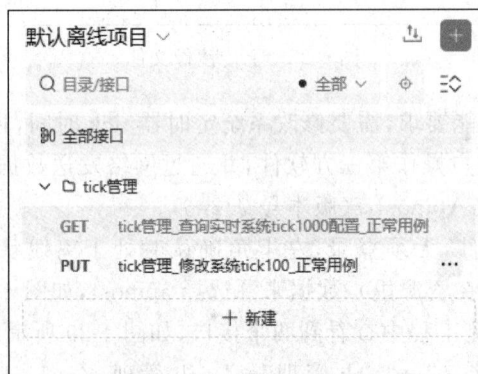

图 4-29　导入的两个接口

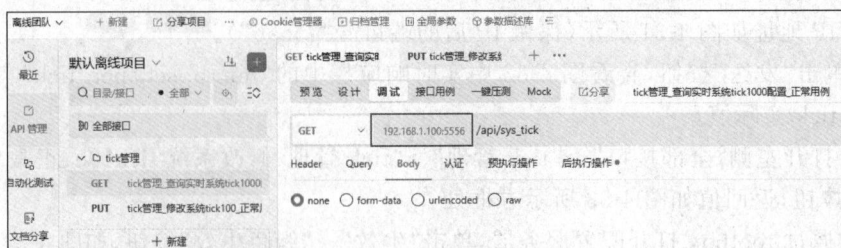

图 4-30　IP 设置的位置

图 4-31　修改 IP 地址

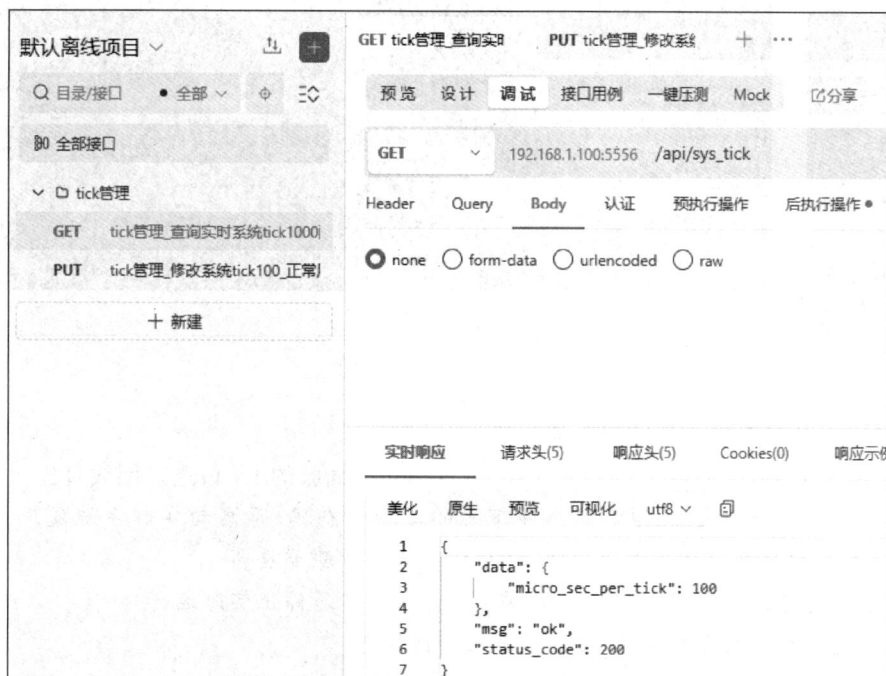

图 4-32　tick 值为 100

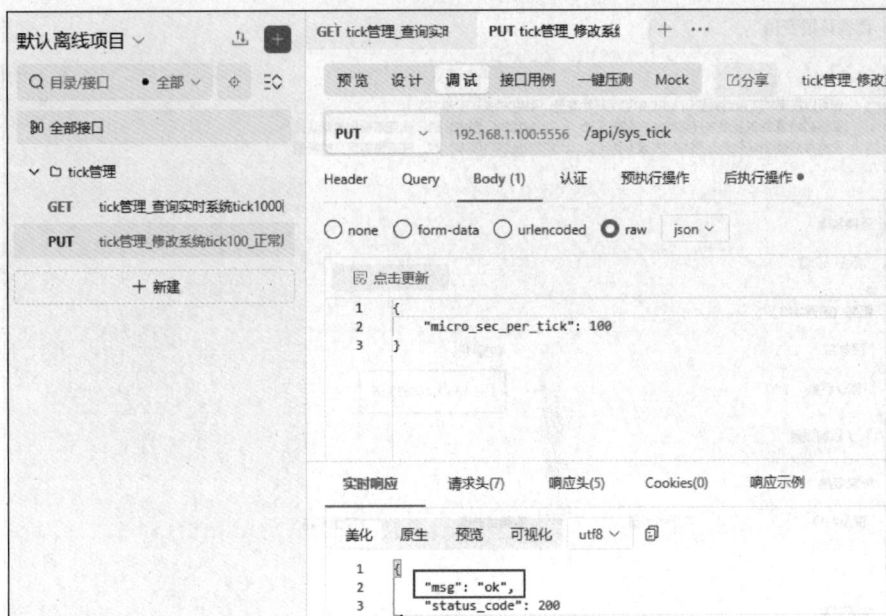

图 4-33 设置 tick 值

图 4-34 运行应用

3. Intewell 实时操作系统驱动电动机

（1）板极上的 GEM1 即"网口 1"和汇川 SV660N 伺服的 IN 口通过网线直连。

注意：需要在伺服进入等待状态即下文的等待状态码，再启动实时系统发送 ethercat 数据包。如果伺服显示屏出现异常码，可用以下三个步骤重启。

① 停止实时系统的 ethercat 发包（在 toolbox 工具箱停止实时运行）。

② 通过重新上电重启伺服，使伺服进入等待状态。

③ 启动实时系统，重新发送 ethercat 数据包到伺服。

（2）在图中 IN 网口中插入网线，伺服上电启动后显示的状态码如图 4-35 所示。

（3）伺服电动机成功驱动后的状态码如图 4-36 所示。

图 4-35　状态码（伺服驱动器处于等待状态）　　图 4-36　状态码（伺服驱动器处于等待运行状态）

本章小结

　　本章围绕智能机器人展开多方面研究，在智能机器人核心特性剖析上，其定义明确了感知、思考、行动与学习的能力特质，发展历程展现出从早期雏形到当代智能化、多样化的漫长演进，组成部分揭示了多领域技术融合的复杂性，关键技术为其在复杂环境的高效运作提供了有力支撑。

　　EtherCAT 实时以太网技术作为工业控制通信关键，凭借主从站架构、独特数据帧处理和分布式时钟同步，实现高速实时通信。其协议栈分层设计科学合理，各层功能完备，在工业自动化领域发挥着不可替代的作用，极大地推动了工业生产的智能化与高效化进程。

　　基于 Intewell 和飞腾派的机器人开发实践，从 IgH EtherCAT 原理掌握、配置方法运用，到与伺服驱动器通信实现电动机控制，为机器人开发提供了可行方案，助力智能机器人从理论研究走向广泛实际应用。

　　整体而言，这些研究内容相互关联、层层递进，为智能机器人领域发展奠定了坚实基础，无论是在技术创新还是工程实践拓展上，都指明了方向。

习　　题

一、填空题

　　1. 智能机器人是一种能够感知环境、进行＿＿＿＿并采取行动以实现特定目标的自动化机器。

　　2. EtherCAT 总线基于＿＿＿＿技术，具有极高的传输速度和实时性。

　　3. IgH EtherCAT 主站可以与支持 EtherCAT 运动控制协议（如＿＿＿＿）的从站设备协同工作，实现精确的运动控制。

　　4. 在 SV660N 伺服驱动器中，采用的是 IEC 61800-7（＿＿＿＿）-CANopen 运动控制子协议。

5. 多传感器信息融合方法主要有贝叶斯估计、Dempster-Shafer 理论、卡尔曼滤波、_____、小波变换等。

6. 机器人视觉系统一般由摄像机、_____和计算机组成。

7. 工业机器人总线分为 CAN、EtherCAT、Profibus、_____等常见类型。

8. 智能机器人的电源系统包括电池、_____等。

9. 路径规划方法大致可以分为传统方法和_____两种。

10. EtherCAT 数据帧格式采用的特殊帧类型为_____。

二、选择题

1. ( )不是智能机器人的关键技术。
   A. 多传感器信息融合　　　　　　　B. 网络拓扑结构
   C. 路径规划　　　　　　　　　　　D. 机器人视觉

2. EtherCAT 的工作原理不包括以下( )。
   A. 主从站架构　　　　　　　　　　B. 独特的数据帧处理方式
   C. 分布式时钟同步技术　　　　　　D. 无线网络传输

3. ( )是 IgH EtherCAT 主站的阶段。
   A. 连接阶段　　　　B. 孤立阶段　　　　C. 准备阶段　　　　D. 传输阶段

4. SV660N 伺服驱动器的通信端子是( )。
   A. CN6　　　　　B. CN5　　　　　C. CN4　　　　　D. CN3

5. 在机器人视觉系统中,核心任务不包括以下( )。
   A. 特征提取　　　　B. 图像分割　　　　C. 图像存储　　　　D. 图像辨识

6. ( )工业机器人总线常用于连接机器人控制器、驱动器、传感器等部件且可靠性高、实时性强、抗干扰能力强。
   A. CAN　　　　　B. EtherCAT　　　　C. Profibus　　　　D. Modbus

7. 智能机器人的执行机构不包括以下( )。
   A. 机械臂　　　　B. 轮子　　　　C. 摄像头　　　　D. 履带

8. ( )不是 EtherCAT 网络拓扑结构。
   A. 链式　　　　　B. 环形　　　　　C. 三角形　　　　D. 菊花链

9. 在 EtherCAT 数据帧中,用于表示接收方 MAC 地址的字段是( )。
   A. 源地址　　　　　　　　　　　　B. 目的地址
   C. 帧类型　　　　　　　　　　　　D. EtherCAT 头:数据长度

10. ( )不是智能控制方法在机器人中的应用。
    A. 模糊控制　　　　　　　　　　　B. 神经网络控制
    C. 线性控制　　　　　　　　　　　D. 智能控制技术的融合

三、判断题

1. 智能机器人在古代就已经发展成熟。( )

2. EtherCAT 总线的传输速度比传统以太网慢。( )

3. IgH EtherCAT 是闭源项目。( )

4. SV660N 伺服驱动器的额定输出电流为 2.0A。( )

5. 多传感器信息融合技术只能融合同一种类型的传感器数据。( )

6. 机器人视觉系统不需要计算机就可以完成所有工作。(　　)

7. 工业机器人总线只用于连接机器人的各个部件,不能与外部设备通信。(　　)

8. 智能机器人的控制系统只包括控制器,不包括驱动器。(　　)

9. 路径规划中的智能方法一定比传统方法好。(　　)

10. EtherCAT 数据帧可以直接在以太网中传输,不需要特殊处理。(　　)

四、简答题

1. 简述智能机器人的定义。

2. 简述 EtherCAT 的原理。

3. 简述 IgH EtherCAT 在运动控制领域的作用。

4. 简述 SV660N 伺服驱动器的主要部件及功能。

5. 简述机器人视觉系统的工作内容。

6. 简述工业机器人总线的作用。

7. 简述多传感器信息融合技术的主要研究方向。

8. 简述智能控制方法在机器人中的应用及局限性。

9. 简述 EtherCAT 网络协议栈的分层结构及各层功能。

10. 简述在基于 Intewell 操作系统和飞腾派的机器人开发中,硬件连接的步骤及注意事项。

## 第 5 章

桌面教学机器人的设计与开发

【知识目标】

通过桌面教学机器人平台,了解机器人的机械结构,以及路径规划与运动控制的原理,掌握机器人控制系统设计方法。

【能力目标】

分析机器人的机械结构,组装智能机器人;基于桌面教学机器人的硬件平台,实践智能机器人控制系统的软硬件开发与调试。

【素质目标】

认真刻苦的学习态度,脚踏实地的工作作风,严谨细致的科学精神,胆大心细的创新思维,精益求精的工匠品质,坚韧不拔的民族自信。

本章为实践内容,分为两个层次:一是智能机器人的装配,根据机器人套件进行机械装配,以及控制系统的组装与调试,锻炼学生机械与电子的装配与调试技能;二是控制系统的软硬件设计与开发,在已知智能机器人硬件平台的基础上,根据提出的主控芯片和操作系统要求,对主控板进行升级改造,重新编写控制程序并进行软硬件调试,全面培养学生智能产品硬件、软件的设计与开发能力,以及综合分析与系统调试能力。

本章采用的桌面教学机器人是由作者团队与佛山指擎科技有限公司共同策划与研发,相关资料由佛山指擎科技有限公司提供。

5.1 桌面教学机器人

三轴机械臂是自动化领域中非常常见的一种设备,它能在三个平面进行定位和操作,具有结构简单、控制方便、精度较高等特点,广泛应用于装配、搬运、焊接、喷涂等多个领域。图 5-1 所示为桌面教学机器人,主要包含机械臂主体和示教器两大部分组成,根据需要可增加摄像头、手抓、气泵、电磁阀、吸盘及气管等配件。

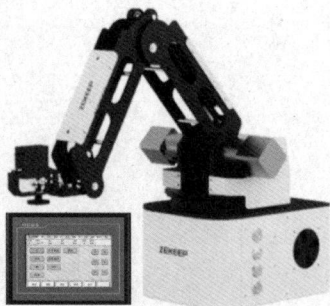

图 5-1　桌面教学机器人

5.1.1　桌面教学机器人的功能与技术指标

1. 桌面教学机器人的功能

桌面教学机器人是一种集成了运动控制、多传感器、机器视觉技术和功能的设备,可以执行一系列复杂的任务,具体如下。

(1) 自动执行任务:机器人可以编程执行重复性或规律性的任务,如在物流仓库中,将货物快速、准确地码放在托盘上,以便进行运输和存储;在生产线上,将产品从生产线上取下,进行码垛和包装。

(2) 感知环境:通过传感器,机器人可以检测周围环境并做出相应反应。如编码器,用于精确测量机器人关节的角度和位置;通过摄像头,识别视野范围内的物体大小、颜色和形状;采用红外对管,用于设置原点位置等。

(3) 人机交互:通过友好的可视化操作界面,发送指令和接收数据,与用户进行直观的交流。

(4) 智能识别:采用机器视觉算法,准确实现货物的识别与定位。

(5) 精准控制:根据目标的位置及机器人的运动约束,规划出机器人的最优运动路径,同时采用运动控制算法实现电动机在快速状态仍能精确运行。

2. 桌面教学机器人的技术指标

1) 机械性能指标

(1) 精度:机器人执行任务时的准确度,重复精度达到 1mm。

(2) 负载能力:最大负重 500g。

(3) 自由度:自由度是指机器人末端执行器在空间中调整位置和姿态时,所需要的独立运动参数的数目。本机器人的自由度如图 5-2 所示,运动范围如表 5-1 所示。

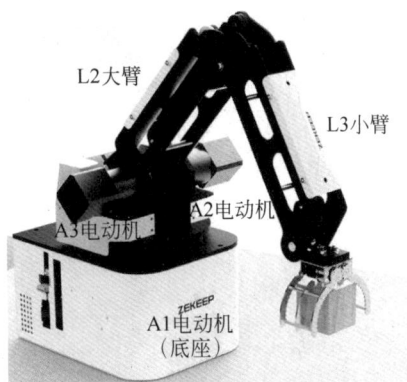

图 5-2　机器人的自由度

表 5-1　机器人每个轴的运动范围

轴	对应机械结构	运动范围
A1	底座	−160°～160°(死区预留 40°)
A2	大臂	−100°～0°
A3	小臂	−115°～0°

(4) 运动范围:由于机械结构的限制,机器人的活动范围是有限制的,其高度范围如图 5-3 所示,其最大伸展范围为 400mm,如图 5-4 所示。

2) 电气性能指标

(1) 电源:输入采用 DC 24V 8A 直流电源适配器。

(2) 主要部件:机器人的部件主要有以下 7 种,其中两相混合式步进电动机和 7 英寸工业触摸彩屏是必选的,其余均为可选,如表 5-2 所示。

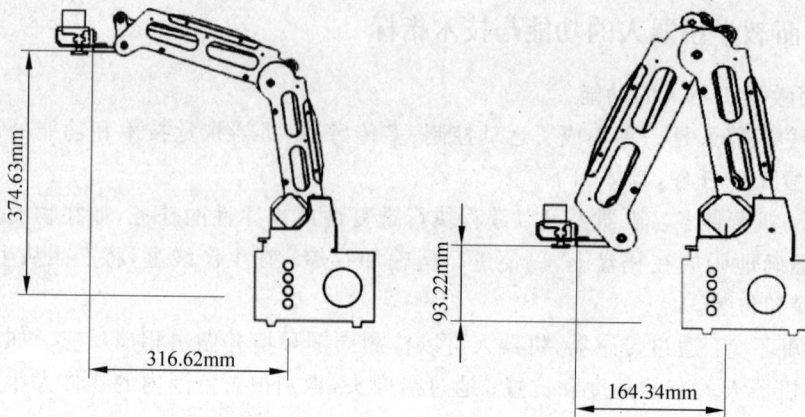

图 5-3　机器人运动的高度范围

最大伸展范围400mm

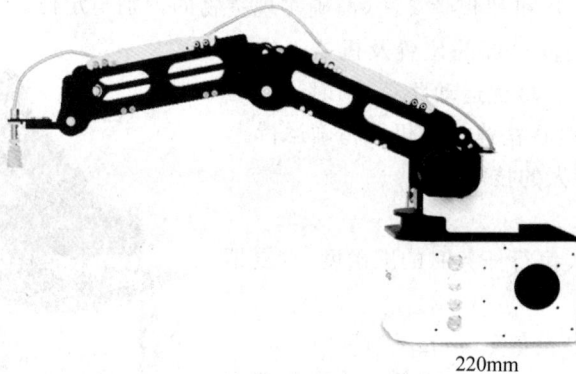

220mm

图 5-4　机器人的最大伸展范围

表 5-2　主要部件及其型号

序号	名　称	型　号
1	两相混合式步进电动机	42BYGH250F-18B
2	智能摄像头（可选）	OPENMV
3	7 英寸工业触摸彩屏	TK6072IP
4	12V 的直流抽气泵（可选）	370-C
5	12V 的电磁阀（可选）	0526F
6	蜂鸣器（可选）	SFM-27 型-I
7	风扇（可选）	KD2406PHB2

3）其他参数

机器人还涉及工作温度、重量等其他参数，具体见表 5-3。

表 5-3 机器人的其他参数

工作温度	−10～60℃	重 量	机械臂重 6kg
材质	本体：6061 铝合金阳极氧化，底座：钣金加重，控制箱：钣金		
控制方式	点动示教编程	编程方式与大型工业机器人类似	
	通信模式控制	PC 软件或触摸屏控制	

5.1.2 桌面教学机器人的机械结构分析

三轴机械臂是机器人中的一种常见类型，通常由三个旋转关节组成，能够在三个平面上运动，如图 5-5 所示。

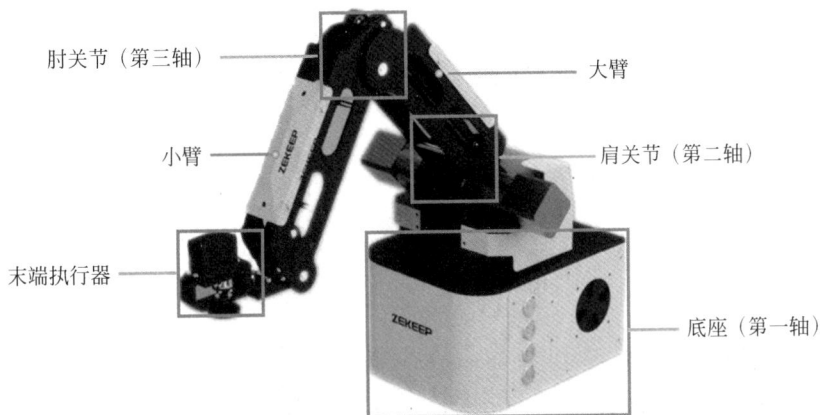

图 5-5 机器人的主要机械结构

1. 机器人的机械结构

1）基本组成部分

（1）轴。

① 底座（第一轴）：这是机械臂的固定部分，通常负责旋转运动，允许机械臂在水平面上进行旋转。

② 肩关节（第二轴）：连接基座和上臂的部分，通常允许上臂在垂直平面内上下摆动。

③ 肘关节（第三轴）：位于上臂和前臂之间，使前臂能够在水平面内旋转。

（2）连杆。

① 大臂：连接基座和肘关节的部分。

② 小臂：连接肘关节和末端执行器的部分。

（3）末端执行器：末端执行器可以是各种工具，如吸嘴、抓手、夹具、螺丝刀等，用于执行特定的任务，同时可以安装摄像头，用于图像识别。

2）结构特点

（1）紧凑性：三轴机械臂通常设计得较为紧凑，小巧灵活，适用于空间受限的环境。

（2）稳定性：结构设计保证在运动过程中的稳定性和刚性，以减少振动和提高精度。

（3）可扩展性：自行设计，允许通过添加额外的关节和连杆扩展机械臂的功能。

2. 桌面教学机器人的控制系统

桌面教学机器人主要由 OPENMV 摄像头、上位机、示教器（触摸屏）、机械臂主体四大部分组成，其中 OPENMV 摄像头、上位机属于扩展设备，如图 5-6 所示。

（1）OPENMV 摄像头：安装在机械臂末端，用于智能采集拍摄图片。

（2）上位机：安装了上位机软件，通过串口发送控制指令控制机械臂，通过 USB 接收来自 OPENMV 摄像头采集的图像数据，并显示出来。

（3）示教器（触摸屏）：拥有用户交互界面，通过触摸屏按钮发送控制指令控制机械臂。

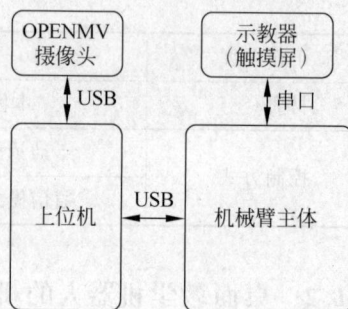

图 5-6　桌面教学机器人控制系统的组成

（4）机械臂主体：除外部的机械臂结构和步进电动机外，底座内包含驱动电路板、电源板和主控板、功能按钮以及各种接口，如图 5-7 所示。

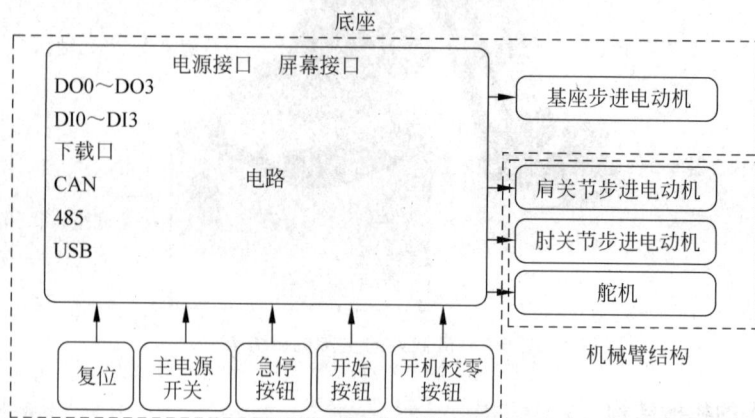

图 5-7　机械臂主体结构组成

机械臂主体的按键、接口功能如表 5-4 所示。

表 5-4　机械臂主体的按键、接口功能

序号	名　称	功　能
1	电源开关	整个机械臂主体的电源开关
2	停止按钮	机械臂出现故障或意外，需紧急停止，按下此按钮，可使机械臂进入急停锁定状态。如果停止不了，需配合主电源按钮一起使用，解锁需要执行一次回原点操作
3	开始按钮	确保示教程序无误后可按下按钮一直循环动作，需注意的是，在触摸屏控制模式下，要处于自动挡位页面下，机械臂才会执行动作；在上位机控制模式下，则无此限制
4	原点按钮	机械臂断电再得电之后，要先回原点校正零点，才可进入系统
5	屏幕控制接口	触摸屏串口通信接口，使用 RS-485 电平

续表

序号	名　称	功　能
6	屏幕电源接口	触摸屏 24V 电源
7	USB 接口	USB 连接线连接计算机串口
8	RS-485/CAN 接口	供用户拓展开发使用
9	复位按键	单片机复位重启
10	下载口	STM32 程序下载口,需配合 ST-LINK 使用
11	24V 电源输出接口	输出直流 24V 电源
12	DI/DO 口	DO 为输出 I/O 口,可以输出 24V 电压,DI 为输入 I/O 口,低电平为触发信号

底座是控制系统的核心,内部包含主控板、驱动板、电源板、基座步进电动机、蜂鸣器、散热风扇、按钮以及接口等;机械臂结构含有 2 个步进电动机。三块电路板的接口关系如图 5-8 所示。

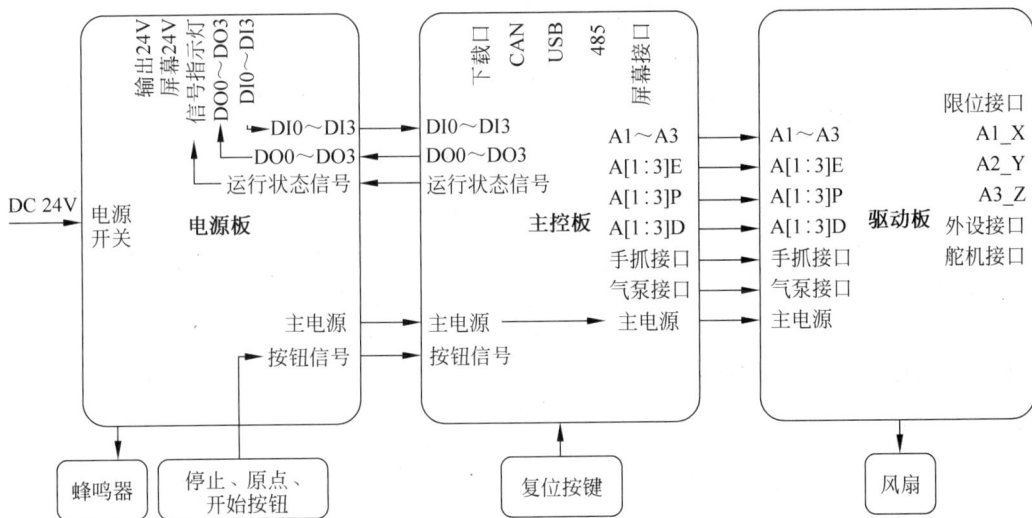

图 5-8　三块电路板的接口关系

图 5-8 中电路板的功能如下。

(1) 电源板:为整个机器人提供电源,包含蜂鸣器接口、按钮接口、输入/输出接口、信号指示灯接口、24V 的屏幕电源接口和 24V 的电源输出接口。

(2) 主控板:负责整个机器人的运行和控制,包含下载、CAN 接口、USB 接口、485 接口、屏幕接口、复位按键以及控制电动机的信号,同时包含 5V 转 3.3V 的稳压电路,3.3V 为主控芯片 STM32F407VET6 供电。

(3) 驱动板:负责接收来自主控板的信号,驱动机器人的电动机工作,并留有蜂鸣器接口。

电路板包含的接口与对应功能如表 5-5 所示,其中 A1 表示基座电动机,A2 表示大臂电动机,A3 表示小臂电动机。

表 5-5　电路板接口与对应功能

序号	名　　称	功　　能
1	DI/DO 口	DO 为输出 I/O 口,可以输出 24V 电压,DI 为输入 I/O 口,低电平为触发信号
2	运行状态信号	信号用作状态指示灯
3	蜂鸣器接口	连接蜂鸣器,用于故障报警
4	A1～A3	A1～A3 原点传感器信号
5	A[1:3]E	A1～A3 使能信号,默认上电使能
6	A[1:3]P	A1～A3 电动机脉冲信号
7	A[1:3]D	A1～A3 电动机方向信号
8	手抓接口	PUL2 为第四轴舵机,PUL1 为手抓舵机,由 PWM 控制
9	气泵接口	VALUE+ 为泄气阀接口,PUMP+ 为气泵接口,由开关量控制
10	限位接口	外接限位传感器,记录原点位置
11	A1_X	连接基座电动机
12	A2_Y	连接大臂电动机
13	A3_Z	连接小臂电动机
14	外设接口	连接泄气阀和气泵
15	舵机接口	连接第四轴舵机和手抓舵机

5.1.3　各电路模块的系统分析

机器人各电路模块的系统分析包括电路模块的功能与技术参数、输入/输出接口、核心技术(核心元件与控制算法),以及电路板尺寸、接插件位置与安装孔位置等。机器人主要电路模块如下。

1. 电源模块

通过 24V、8A 的电源适配器为机器人提供电源,内部电源分配情况如图 5-9 所示。

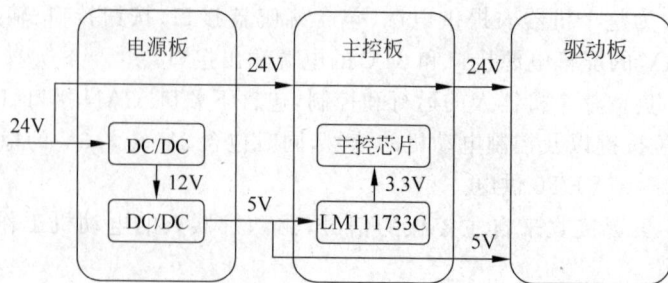

图 5-9　内部电源模块分布情况

输入的 24V 在电源板上 DC/DC 电路降压到 12V,再降压到 5V,电源板的 24V 和 5V 提供给主控板,5V 经过 LM111733C 降压到 3.3V 为主控芯片等芯片供电,同时 24V 和 5V 也提供给驱动板。

2. 电动机驱动模块

电动机驱动模块主要由 TB67S109AFTG 作为驱动芯片控制步进电动机,如图 5-10 所示,同时使用光耦分别控制电动机的转动方向和使能信号,另外使用光耦 6N137SDM 控制舵机,如图 5-11 所示。由于每个驱动芯片连接 6 位的拨动开关,用于设置每个步进 电动机的步进角,如图 5-12 所示,由于有三个步进电动机,因此需要三个这样的驱动 电路。

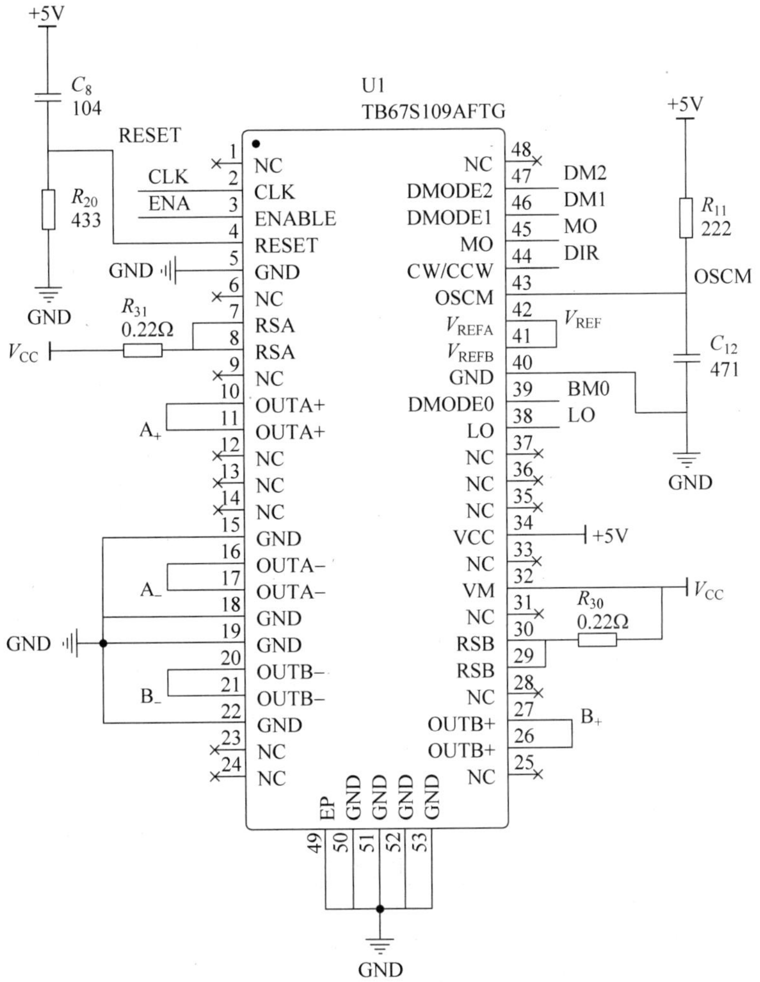

图 5-10 驱动电路

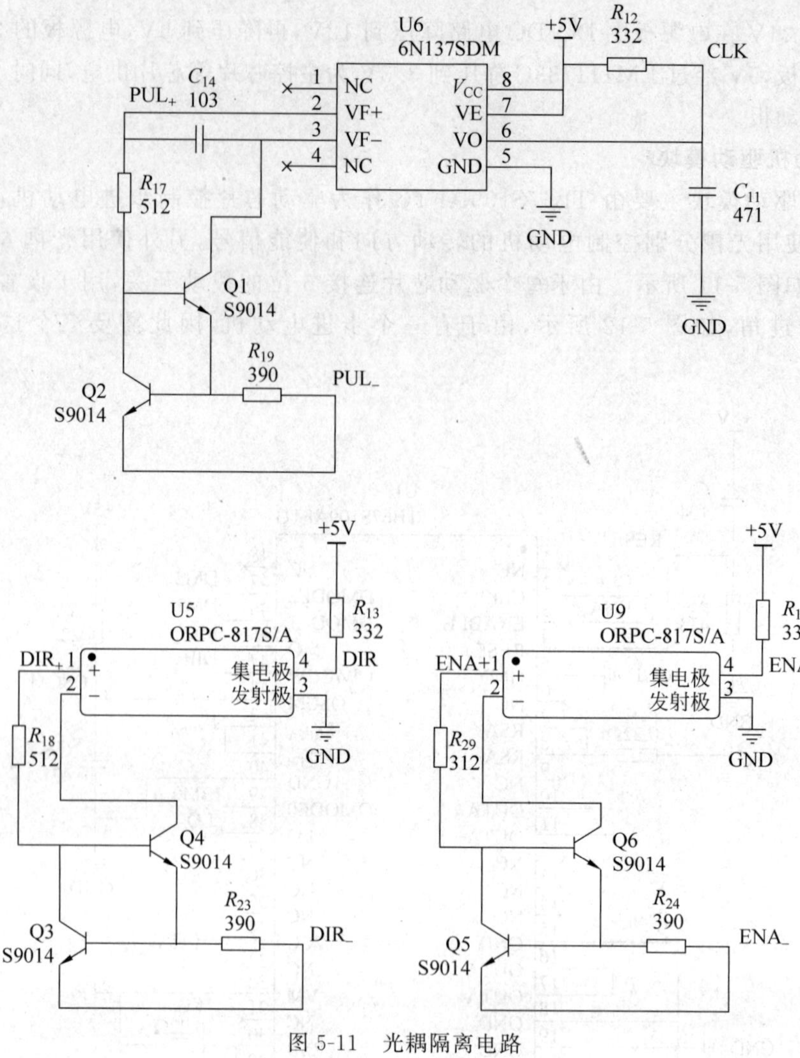

图 5-11　光耦隔离电路

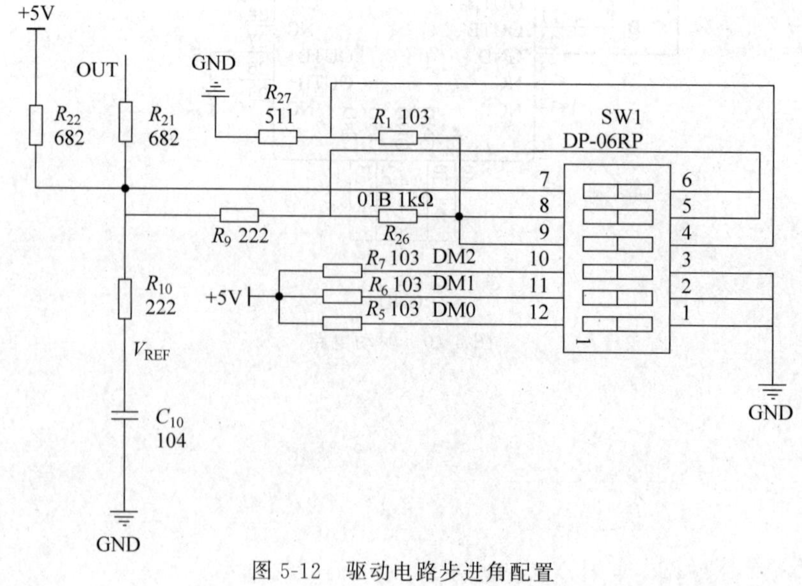

图 5-12　驱动电路步进角配置

5.2 桌面教学机器人的系统开发与实践

5.2.1 桌面教学机器人的组装与系统调试

机器人的组装与系统调试是一个复杂的过程,涉及机械、电子、控制、软件等多个领域的知识。在正式装配前,要确保所有设计图纸和技术文档正确无误,准备好所需的工具和所有机器人组件。在整个过程中,必须严格遵守安全规程,确保人员和设备的安全。

1. 机器人组件与安装工具

机器人组件包括机械部件、控制系统模块,以及电气连接导线等,主要的安装工具为 M3 内六角螺丝刀、M4 内六角螺丝刀。整个机器人分为四大组件:底座组件、大臂组件、小臂组件和末端组件,其主要配件分别如表 5-6～表 5-8 所示。

表 5-6　底座组件配件表

序号	零 件 名 称	数量	序号	零 件 名 称	数量
1	底座	1	19	光电开关挡板	1
2	胶脚垫	4	20	控制箱焊接组件	1
3	底座电动机轴固定柱	1	21	24V 风扇 60mm×60mm×10mm	1
4	底电动机安装板	1	22	电磁阀	1
5	电动机安装侧板	1	23	电气泵	1
6	胀紧套	1	24	电源开关按键	4
7	电动机安装右侧板	1	25	蜂鸣器	1
8	42 步进 20 比 1 电动机	3	26	气泵固定架	1
9	微动开关安装板	1	27	控制箱侧板	1
10	微动开关 152 长片	1	28	控制箱底板	1
11	气管	0.9m	29	电路板装配体	1
12	底座外壳 1 焊接组件	1	30	双通铜柱 M3×12	2
13	底座外壳 2	1	31	内六角螺栓 M4×8 WS_HSHCS M4×8-N	2
14	推力球轴承 75mm×100mm× 19mm	1	32	内六角螺栓 M4×25 WS_HSHCS M4×8-N	1
15	轴承内固定环	1	33	螺母 M4	1
16	轴承外固定环	1	34	单头铁柱 M3×45+6mm	4
17	胀套盖板	1	35	内六角螺栓 M4×10 WS_HSHCS M4×8-N	4
18	光电开关 PM-Y45P	1			

表 5-7　大臂和小臂组件配件表

大 臂 组 件			小 臂 组 件		
序号	零 件 名 称	数量	序号	零 件 名 称	数量
1	大臂右侧板	1	1	小臂左侧	1
2	加强钢棒	4	2	小臂加强铜棒	4
3	带座轴承内径 6mm 外径 10mm	2	3	小臂右侧	1
4	法兰轴承内径 8mm 外径 14mm	1	4	法兰轴承 6mm×12mm×13.2mm× 1mm×4mm	2
5	大臂左侧板	1	5	转动轴长 11.3mm	1
6	大臂固定环	1	6	轴承内径 6mm×10mm×3mm	2
7	大板后盖装配体	1	7	小臂后盖装配体	1
8	内六角螺栓 M3×12	16	8	胶垫 6mm×14.7mm×1mm	2
9	内六角螺栓 M4×12	2	9	轴承 6mm×15mm×5mm	2
			10	小臂连接电动机板	1
			11	大臂固定环	1
			12	轴动轴长 13.3mm	1
			13	大臂连杆	1
			14	内六角螺栓 M3×12	16
			15	内六角螺栓 M4×12	2

表 5-8　末端组件配件表

序号	零 件 名 称	数量	序号	零 件 名 称	数量
1	连杆后立板	1	9	末端轴 2	1
2	轴动轴长 13.3mm	3	10	末端	1
3	胶垫 6mm×14.7mm×1mm	3	11	轴承内径 6mm×10mm×3mm	4
4	大臂连杆	1	12	末端轴	1
5	三角形连杆机构	1	13	吸嘴安装板	1
6	小臂连杆	1	14	笔套	1
7	轴承 6mm×15mm×5mm	5	15	笔套安装板	1
8	大小臂连接轴	1	16	吸嘴	1

2. 机械部分的装配

机器人主要包含四大组件,其装配过程如下。

1) 末端组件的装配

末端组件连接这小臂,用于安装不同的执行器,末端组件的立体装配图如图 5-13 所示,其安装完成效果图如图 5-14 所示,需注意,该处有一个 A2 的限位行程开关。

2) 小臂组件的装配

小臂是末端执行器和大臂之间的连接,小臂组件的立体装配图如图 5-15 所示,其安装完成效果图如图 5-16 所示。

3) 大臂组件的装配

大臂是底座和小臂之间的连接,大臂组件的立体装配图如图 5-17 所示,其安装完成效果图如图 5-18 所示。

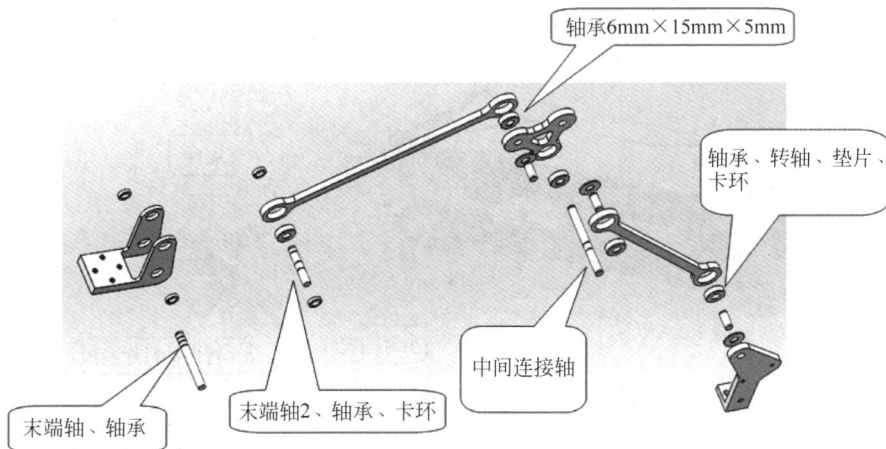

图 5-13　末端组件的立体装配图

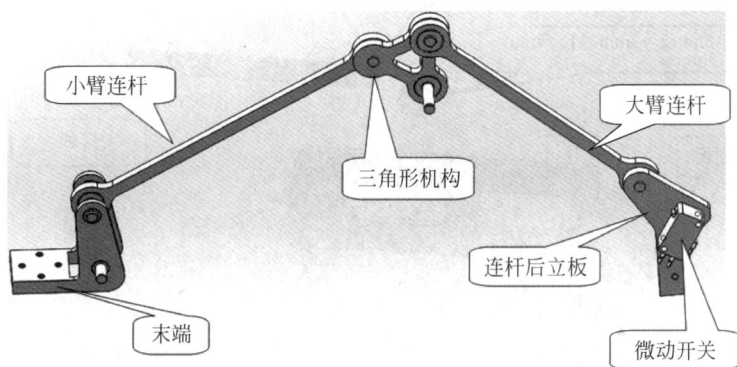

图 5-14　末端组件的安装完成效果图

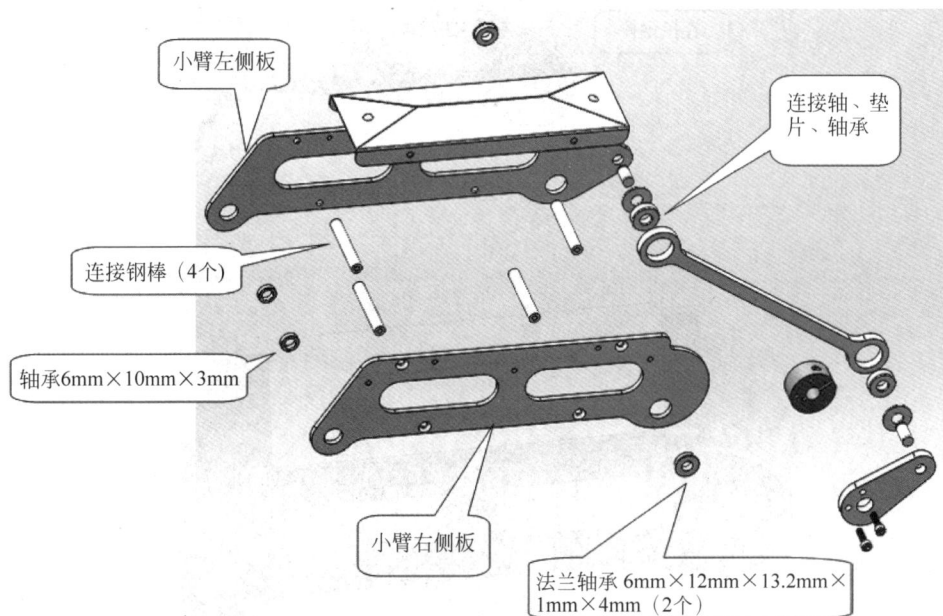

图 5-15　小臂组件的立体装配图

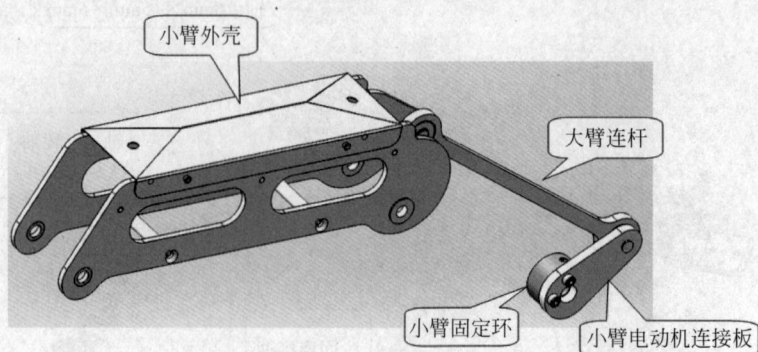

图 5-16　小臂组件的安装完成效果图

小臂外壳

大臂连杆

小臂固定环

小臂电动机连接板

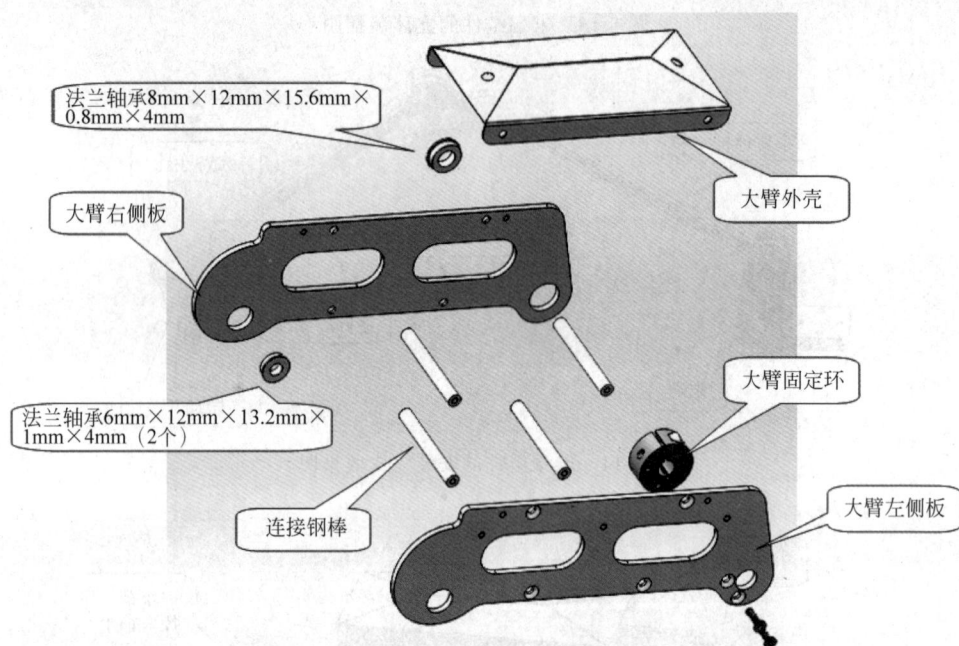

法兰轴承8mm×12mm×15.6mm×0.8mm×4mm

大臂外壳

大臂右侧板

大臂固定环

法兰轴承6mm×12mm×13.2mm×1mm×4mm（2个）

大臂左侧板

连接钢棒

图 5-17　大臂组件的立体装配图

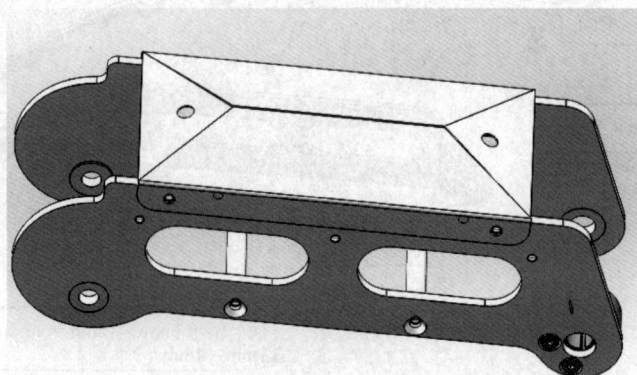

图 5-18　大臂组件的安装完成效果图

4）底座组件的装配

底座组件是整个机器人的基座，内部包含电路板、配件等，组装难度较大，其立体装配过程如下。

（1）组装电路板模组，驱动板、主控板、电源板之间有各自独特的接口，只有唯一的连接方式，按照驱动板（图 5-19）、主控板（图 5-20）、电源板（图 5-21）的顺序连接，其中驱动板和主控板的方框框住的部分需要连接底座外配件的接口，其余均为板内连接接口，并且用铜柱做好支撑，如图 5-22 所示。

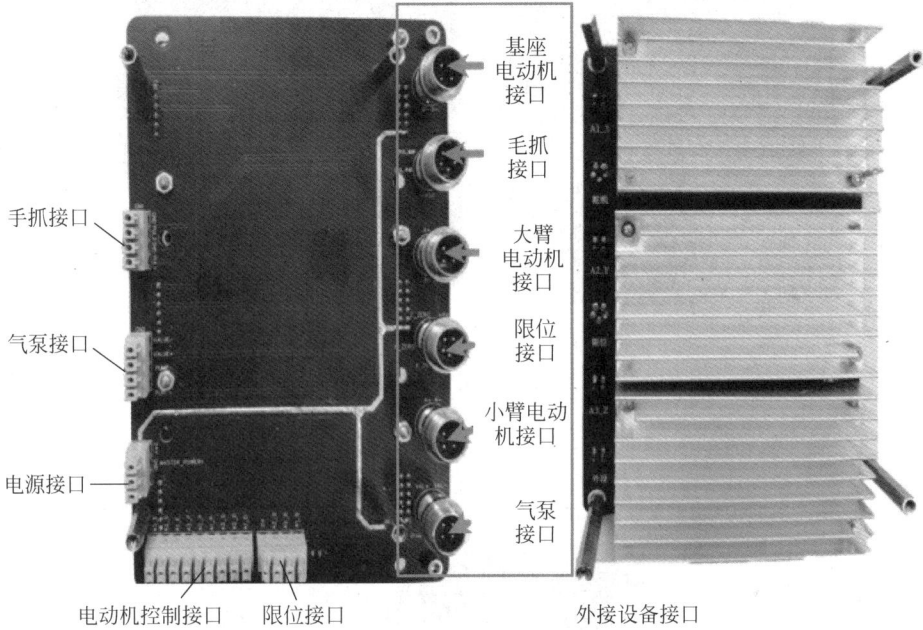

图 5-19　驱动板反面和正面图

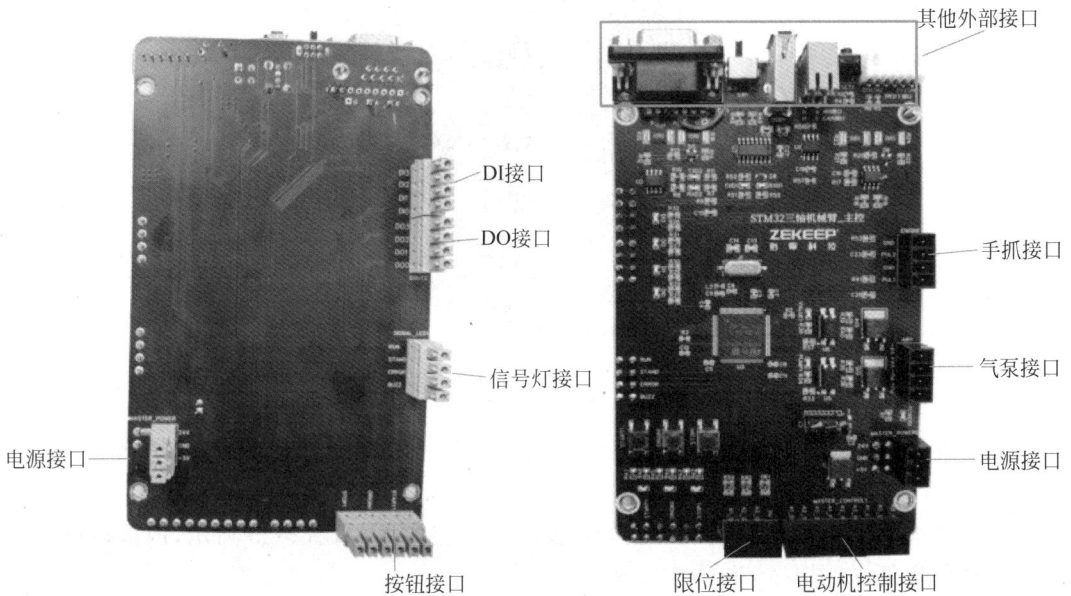

图 5-20　主控板反面和正面图

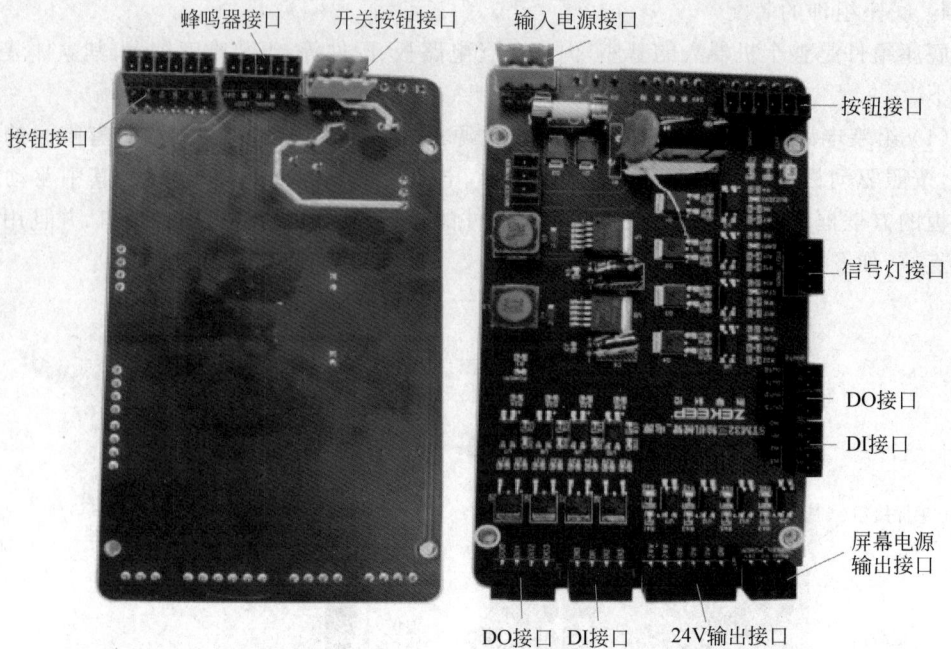

图 5-21　电源板反面和正面图

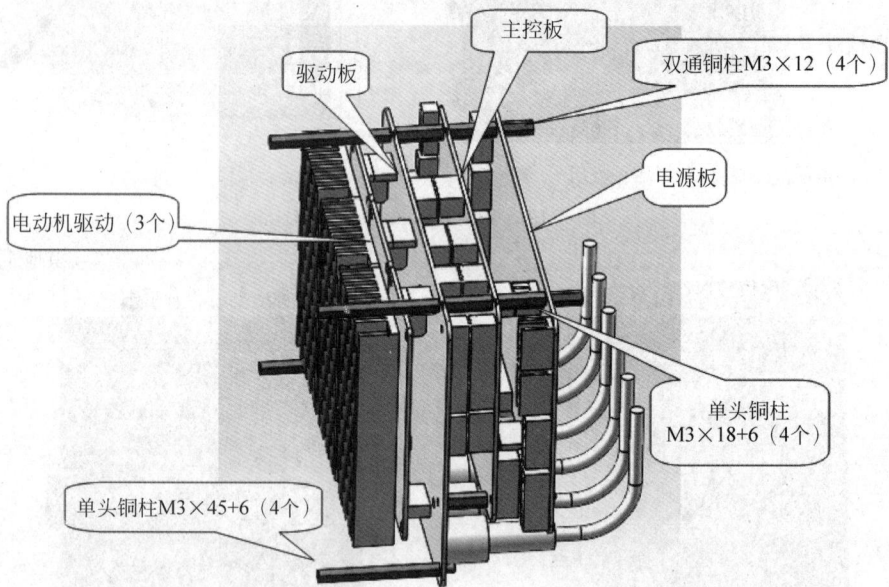

图 5-22.　电路板模组的装配

（2）将电路板模组固定在底座里，如图 5-23 所示。

（3）将电气泵和电磁阀安装在底座，如图 5-24 所示。

（4）将 4 个开关按键、蜂鸣器以及风扇安装在底座侧板，如图 5-25 所示，内部接口需要连接对应的器件，如图 5-26 和图 5-27 所示。

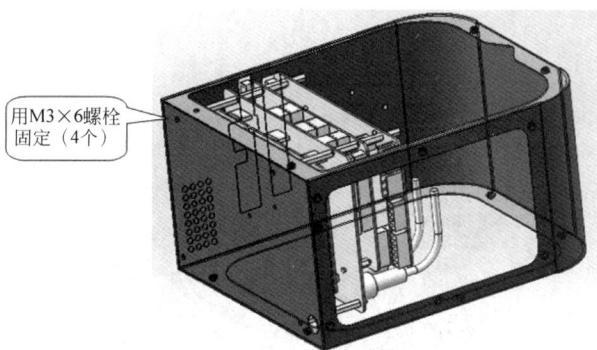

用M3×6螺栓
固定（4个）

图 5-23　底座安装电路板模组

电磁阀

电气泵+固
定支架

图 5-24　底座安装电气泵和电磁阀

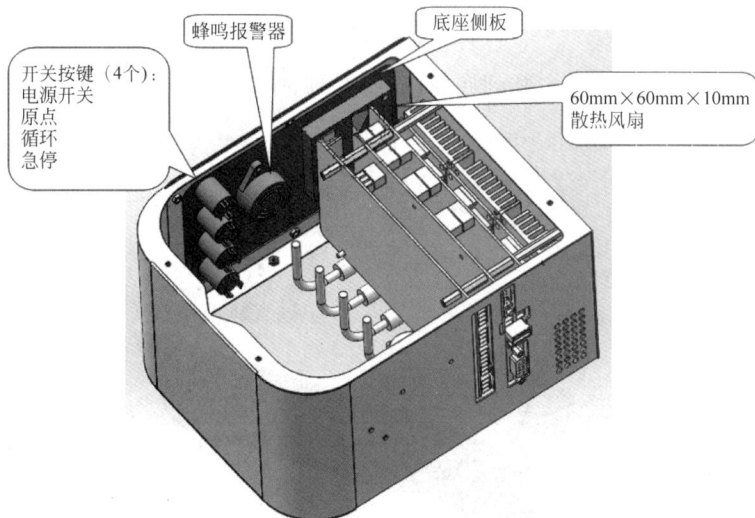

蜂鸣报警器

底座侧板

开关按键（4个）：
电源开关
原点
循环
急停

60mm×60mm×10mm
散热风扇

图 5-25　底座侧板安装开关按键、蜂鸣器以及风扇

图 5-26　内部接口连接对应的器件示意(1)

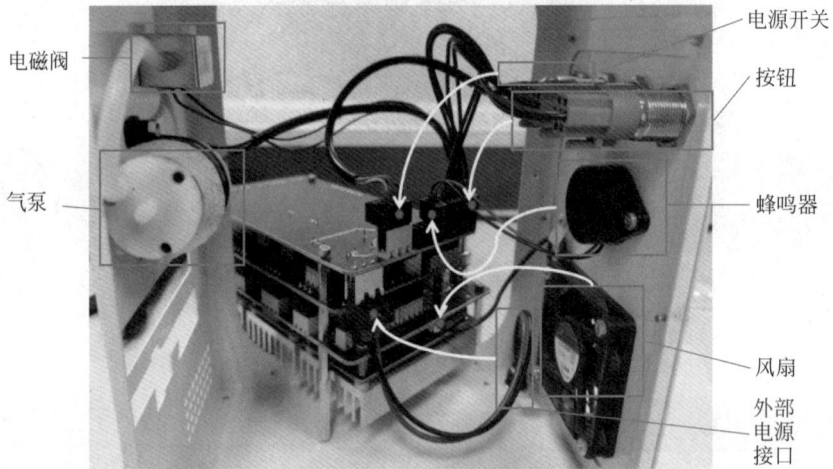

图 5-27　内部接口连接对应的器件示意(2)

（5）将底座底板以及脚垫安装到底座，如图 5-28 所示。

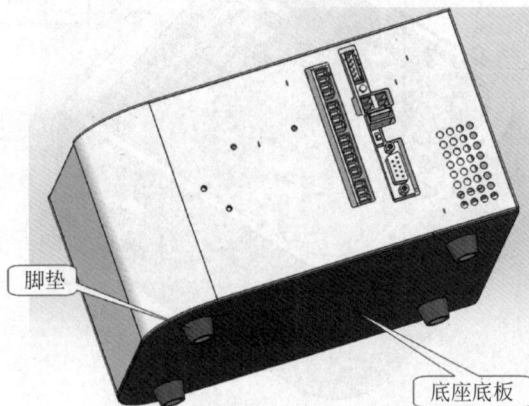

图 5-28　安装底座底板和脚垫

（6）将 42 步进电动机安装到底座顶板里，如图 5-29 所示。

底座

42步进电动机

图 5-29　底座顶板安装 42 步进电动机

（7）将推力球轴承内外固定环安装在底座顶板上，如图 5-30 所示。

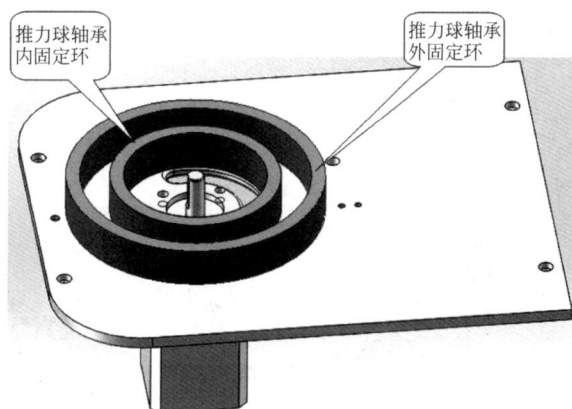

推力球轴承
内固定环

推力球轴承
外固定环

图 5-30　底座顶板安装推力球轴承内外固定环

（8）将推力球轴承、限位螺栓、螺母和光电传感器安装在底座顶板上，如图 5-31 所示。

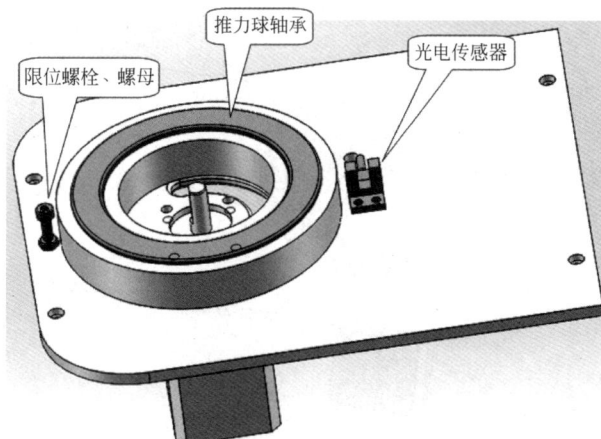

推力球轴承

限位螺栓、螺母

光电传感器

图 5-31　底座顶板安装推力球轴承、限位螺栓、螺母和光电传感器

（9）将底座电动机轴固定柱安装在底电动机安装板上，如图 5-32 所示。

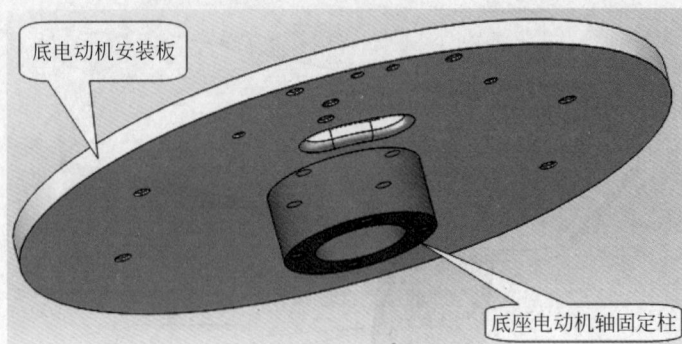

底电动机安装板

底座电动机轴固定柱

图 5-32　底电动机安装板安装底座电动机轴固定柱

（10）将光电传感器挡板和限位螺栓安装在底电动机安装板上，如图 5-33 所示。

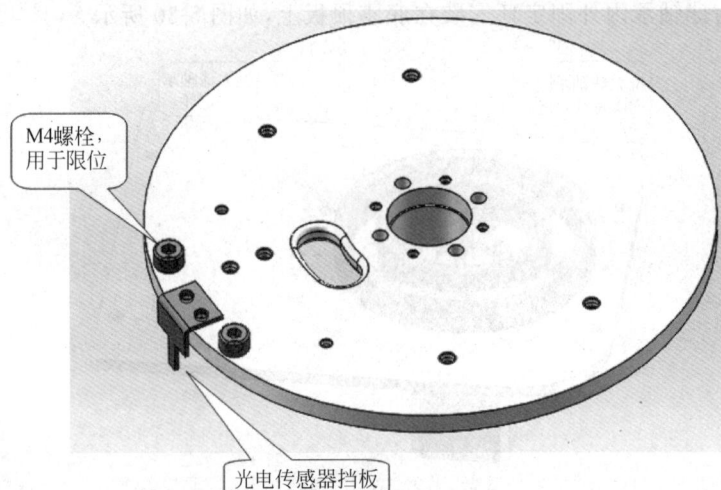

M4螺栓，用于限位

光电传感器挡板

图 5-33　底电动机安装板安装光电传感器挡板和限位螺栓

（11）将安装好的底电动机安装板装进底座顶板的推力球轴承上方，如图 5-34 所示。

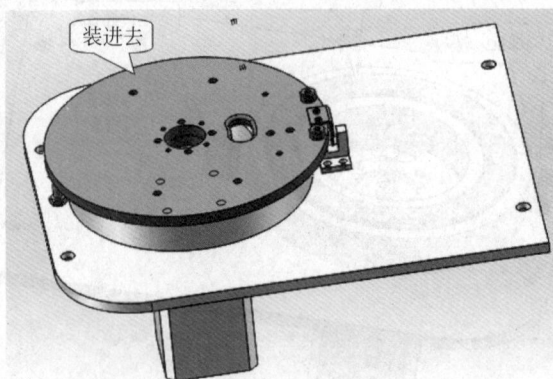

装进去

图 5-34　底电动机安装板装进底座顶板

（12）将胀套盖板和胀套装进底电动机安装板的中间孔，如图 5-35 所示。

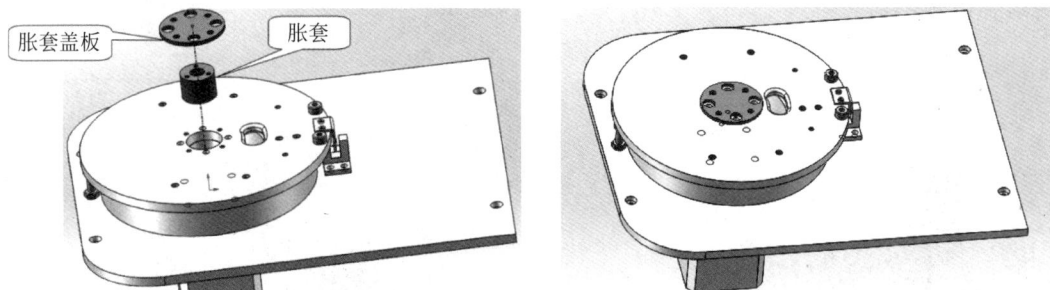

胀套盖板　　胀套

图 5-35　底电动机安装板的中间孔安装胀套盖板和胀套

（13）将 A3 的限位开关、A2 和 A3 电动机及其支撑安装在底电动机安装板上，如图 5-36 所示。

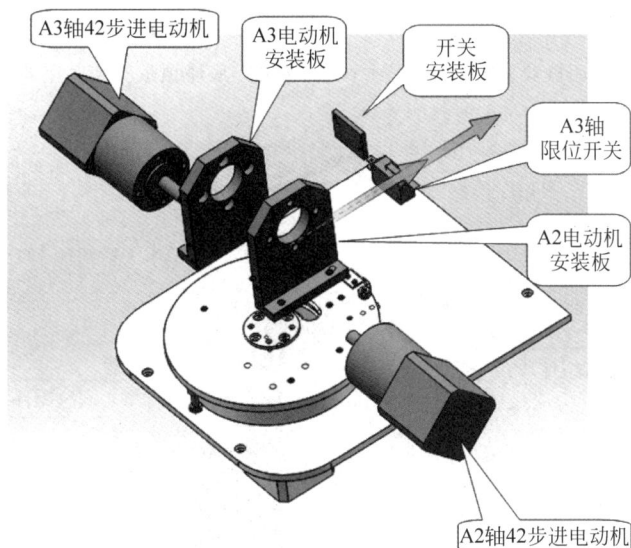

A3轴42步进电动机　　A3电动机安装板　　开关安装板　　A3轴限位开关　　A2电动机安装板　　A2轴42步进电动机

图 5-36　底电动机安装板安装 42 步进电动机

（14）将底电动机安装板安装到底座上，如图 5-37 所示。

（15）将底座外壳 1 和底座外壳 2 安装在底座顶板上，如图 5-38 所示。

5）整机的装配

按顺序将底座组件、大臂组件、小臂组件和末端组件逐一安装起来，如图 5-39 所示，整体效果如图 5-40 所示。

3．运行调试

1）上电前准备

（1）上电前摆正机械臂位置，机械臂底座贴有"回原点方向"字样，如图 5-41 所示。

（2）在断电状态下，将机械臂移动到图 5-42 的位置，确保底座电动机偏向白色贴纸的位置。因为机械臂底座 A1 电动机默认回原点方向是逆时针，机械臂断电后无法保存当前的坐标数据，所以需要手动移动到该位置，否则回原点时，机械臂底座 A1 电动机会一直逆时针运动,直至转动一圈后才会回到原点位置,这样机械臂内部线路容易被拉扯断,应该避免这种情况。

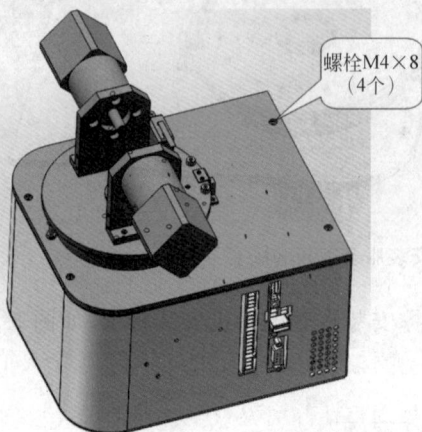

图 5-37　安装底电动机安装板

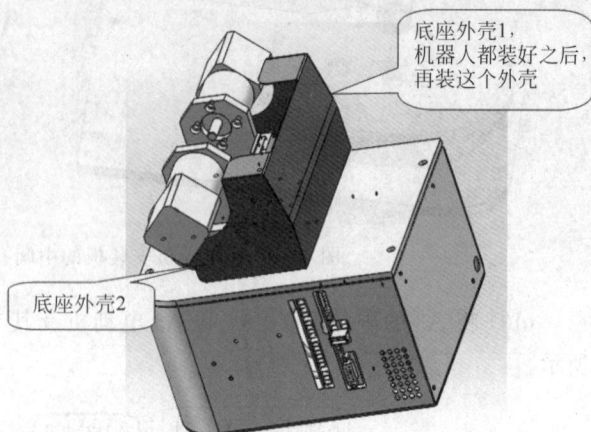

图 5-38　底座顶板安装底座外壳 1 和底座外壳 2

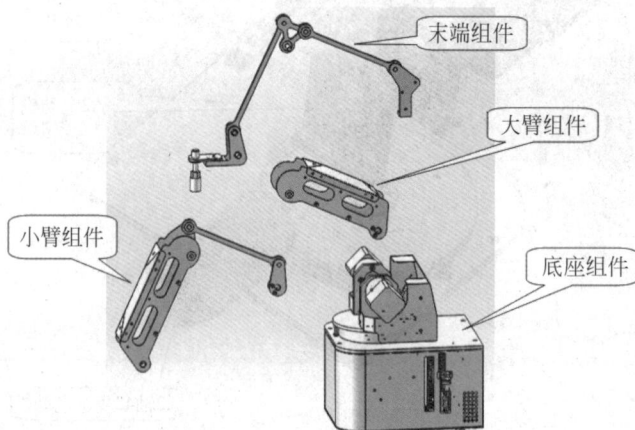

图 5-39　四个组件的安装

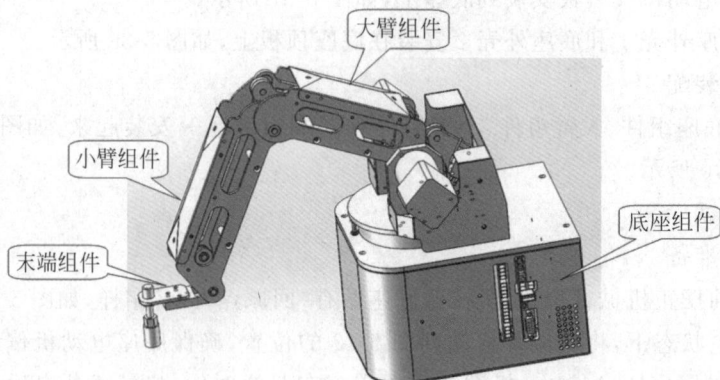

图 5-40　机械臂整体效果图

图 5-41　底座贴有"回原点方向"字样

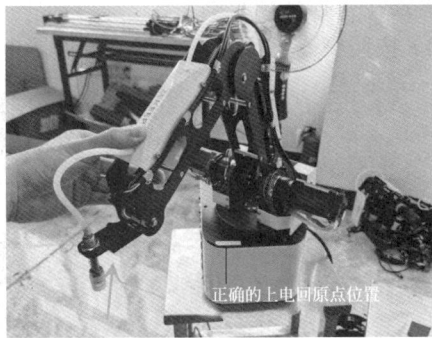

图 5-42　机械臂移动正确的上电回原点位置

（3）按下电源开关，当电源开关指示灯点亮，如图 5-43 所示，并且机械臂关节电动机上电使能后，说明机械臂已成功上电。

2）机械臂回原点校正

机械臂每次上电或者处于锁定状态时，需要执行一次原点校正。回原点操作可以通过实体按键、触摸屏、串口指令实现，按键回原点操作如下。

（1）按下"原点"按键，如图 5-44 所示，回原点校准完成状态，如图 5-45 所示。

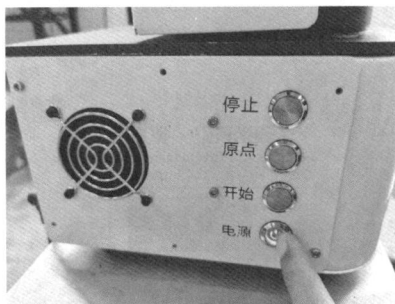

图 5-43　电源开关指示灯点亮

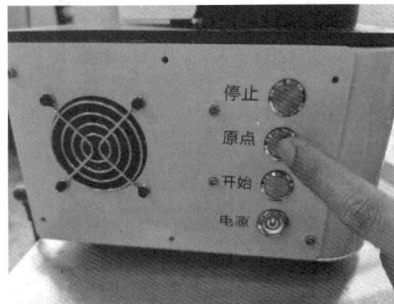

图 5-44　按下"原点"按键

（2）在断电重启回原点时，如果发现 A1 电动机逆时针运动超过了 A1 原点位置，如图 5-46 所示，还在继续逆时针转动，须马上断开电源，在断电情况下，将机械臂 A1 转动到正确的位置，具体请查看运行调试步骤中上电前准备的步骤（2），再重新上电回原点。

图 5-45　机械臂回到原点状态

图 5-46　A1 原点位置

3）连接触摸屏和吸嘴

（1）按照图 5-47 的接法，连接触摸屏电源和通信口。

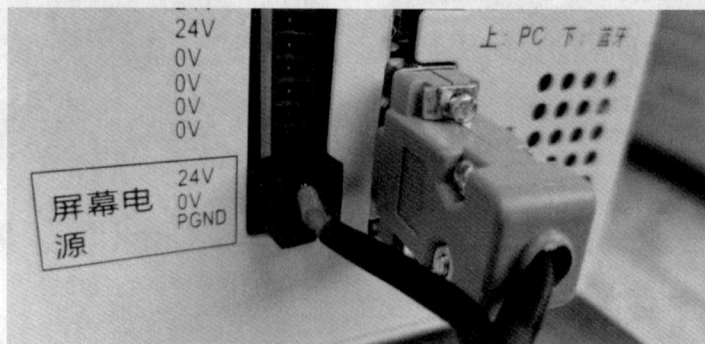

图 5-47　触摸屏电源和通信口

（2）用内六角螺丝刀安装吸嘴配件，并套上吸管，如图 5-48 所示。

4）调试

（1）进入触摸屏登录界面，如图 5-49 所示，单击"登录"按钮。

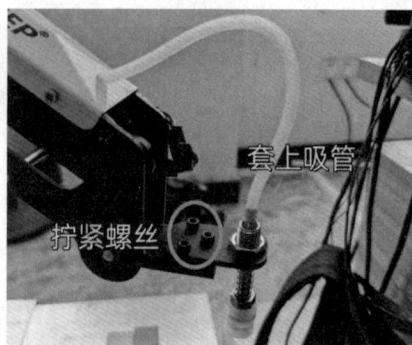

图 5-48　吸嘴套件

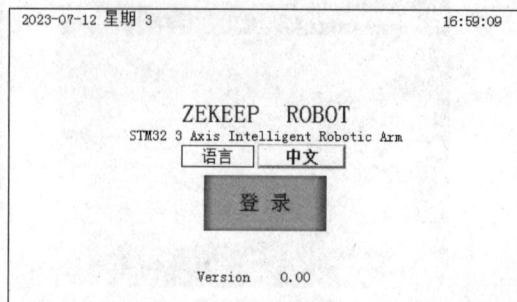

图 5-49　登录界面

（2）进入原点校正页面，此时机械臂底座电动机应摆向"回原点方向"字条的一边，具体请查看"运行调试"步骤中"上电前准备"的步骤（2），单击"原点"按钮，如图 5-50 所示。当 A1、A2、A3 限位指示灯全部点亮，并且显示文字由"待机"变为"原点已校准"，可单击"退出"或"强制进入"按钮，进入主页面。

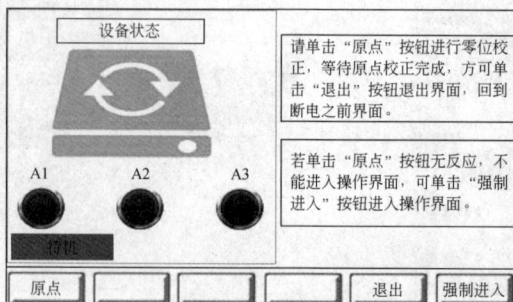

图 5-50　原点校正页面

（3）进入主页面，如图 5-51 所示，右上角是总速度设置，可更改机械臂运行速度，左上角是坐标系选择，机械臂有关节坐标和世界坐标两种坐标系。

① 关节坐标：按下按键 A1＋、A1－、A2＋、A2－、A3＋、A3－可以单独控制机械臂三个电动机的运动。

② 世界坐标：按下按键 X＋、X－、Y＋、Y－、Z＋、Z－可以控制机械臂做直线运动。

由于直线运动存在关节奇异点，一般先使用关节坐标运动到一定角度，例如（0，－30，－50），再使用世界坐标，否则会出现关节奇异点错误。

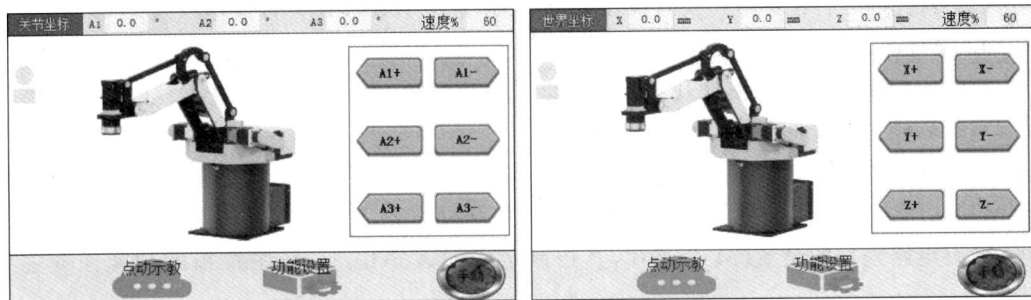

图 5-51　左图为关节坐标，右图为世界坐标

当按下各按钮后，有对应的动作，表示设备调试初步成功。

该桌面教学机器人包含丰富的功能，主要包含 10 种指令，包括关节坐标、关节偏移、世界坐标、世界偏移、直线、直线偏移、DI、DO、四轴舵机、码垛。通过不同指令配置相关参数实现点动示教、码垛和自动运行三大功能。

5.2.2　基于桌面教学机器人的设计与开发

为了提升智能产品的设计能力，加深对研发过程的理解，基于桌面教学机器人平台，对主控板进行重新设计与开发。

1. 组织与分工

采用团队分工合作的方法，实施机器人控制系统软硬件设计与开发。硬件部分可分为 1 个课题组，软件部分可分为 1 个课题组，设总负责人 1 名。具体分工信息如表 5-9所示。

表 5-9　码垛智能机器人控制系统软硬件设计与开发分工信息

课 题 组	分 工 信 息	人 数 安 排
项目统筹(项目负责人)	协调各个课题组	1
硬件	设计主控电路	1
软件	驱动电路控制逻辑及算法	1
	主控电路控制逻辑及算法	1

2. 设计与开发方法

（1）系统分析与系统设计：由项目负责人组织全组人员，对智能机器人进行系统分析，确定主控芯片、操作系统，以及编程语言；确定主控芯片与外围接口的控制关系、逻辑关系，以及控制算法等。

（2）硬件组：根据现有的主控板的规格尺寸、螺丝孔尺寸位置以及现有的接口，按照指定要求重新设计原理图和 PCB 图。

（3）软件组根据硬件组设计的新电路以及软件设计要求，移植程序到新的主控板上，并进行联调。

3. 设计与开发要求

（1）硬件部分：主控板模块控制芯片使用 E2000 系列芯片

（2）软件部分：若要用到实时操作系统，必须采用 Intewell 实时操作系统。

4. 设计与开发过程

机器人控制系统的软硬件开发是一个涉及多个学科和技术的复杂过程。以下是机器人控制系统软硬件开发的主要步骤和考虑因素。

1）硬件开发

（1）功能需求：明确机器人需要执行的任务和操作。

原有电路采用的是 STM32 芯片，其控制定义如表 5-10 所示，主控板的功能任务主要如下。

① 扩展的输入/输出，用于扩展检测信号和输出信号。

② 三个步进电动机的控制，实现电动机的使能、方向、步长的控制。

③ 按键功能：开始启动、停止和原点设定。

④ 三个步进电动机的限位检测。

⑤ 运行状态指示。

⑥ 外接设备的控制。

⑦ CAN 总线、1 个 SWD 下载口和 3 个串口通信（1 个用于与计算机通信，1 个用于与485 的触摸屏通信，1 个用于扩展串口）。

表 5-10 STM32 芯片的控制定义

描　　述	主控板功能	GPIO	描　　述	主控板功能	GPIO
扩展输入信号	DI 输入 IN3	PA4	A[1：3]电动机限位信号	A1 限位 A1_ZERO	PD10
	DI 输入 IN2	PA5		A2 限位 A2_ZERO	PD11
	DI 输入 IN1	PA6		A3 限位 A3_ZERO	PD12
	DI 输入 IN0	PA7	运行状态信号	运行指示灯 RUN	PB14
扩展输出信号	DO 输出 OUT3	PC4		待机指示灯 STANDBY	PB15
	DO 输出 OUT2	PC5		错误指示灯 ERROR	PD8
	DO 输出 OUT1	PB0		蜂鸣器 BUZZER	PD9
	DO 输出 OUT0	PB1	外接设备信号	气泵接口 PUMP	PD1
A[1：3]电动机脉冲信号	A1 脉冲 A1_PUL+	PC6		泄气阀接口 VALUE	PD2
	A2 脉冲 A2_PUL+	PC7		手抓舵机接口 ENGINE	PD3
	A3 脉冲 A3_PUL+	PC8		第四轴舵机接口 R_ENGINE	PD4

续表

描　述	主控板功能	GPIO	描　述	主控板功能	GPIO
A[1：3]电动机反向信号	A1 方向 A1_DIR＋	PD13	CAN 总线	CAN 总线接口（H）CAN1_TX	PA12
	A2 方向 A2_DIR＋	PD14		CAN 总线接口(L)CAN1_RX	PA11
	A3 方向 A3_DIR＋	PD15	串口 1	通信串口 USART1_TXD	PB6
A[1：3]电动机使能信号	A1 使能 A1_ENA＋	PC9		通信串口 USART1_RXD	PB7
	A2 方向 A2_ENA＋	PA8	串口 2	触摸屏 485 接口（A）USART2_TXD	PD5
	A3 方向 A3_ENA＋	PA9		触摸屏 485 接口（B）USART2_RXD	PD6
按键信号	开始按键 START	PE12	串口 3	扩展 485 接口（A）USART3_TXD	PB10
	原点按键 ORIGIN	PE13		扩展 485 接口（B）USART3_RXD	PB11
	停止按键 STOP	PE14	下载口	SWD 下载口 SWDIO	PA13
				SWD 下载口 SWCLK	PA14

（2）性能需求：确定速度、精度、负载等性能指标。

本次只重新设计了主控板，其他模块均无变动，因此保持原有的性能指标即可。

2）硬件设计

（1）主控板规格。

主控板的尺寸分别是 150mm×90mm，螺丝孔定位如图 5-52 所示，为了设计方便，提供了主控板主要器件的 PCB 文件，包括螺丝孔和接口的定位。

（2）主控芯片。

根据要求选用 E2000 系列芯片，其封装是 BGA(ball grid array，球栅阵列)，需要多层电路板的设计，使用的是 Intewell 操作系统，因此需要增加内存电路和 SD 卡电路，保证硬件满足操作系统的最小配置，并且发热量较大，需要考虑增加散热风扇及其供电和固定螺丝孔。

（3）电源管理。

由于主控板是由电源板提供 24V 和 5V，考虑 E2000 系列芯片的工作电压和功率，选用合适的供电电路保证主控芯片的工作稳定。

其他电路均可参考原有电路重新设计布局。

（4）原理图和 PCB 图设计与制作。

① 做好主控芯片的引脚分配。

② 根据功能设计原理图。

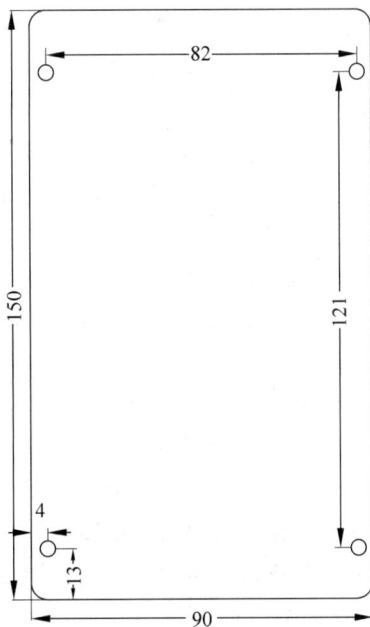

图 5-52　主控板的尺寸与安装孔位示意图（单位：mm）

③ 在提供的主控板 PCB 文件里设计 PCB 图。

④ 外发制作 PCB，并生成元件清单，购置元器件。

⑤ 焊接电路板。

注意：由于 E2000 系列芯片是 BGA 封装，如自己无条件焊接，请外发加工时，使用其 SMT(surface mount technology，表面贴装技术)服务。

（5）硬件调试。

电源调试：确保电源模块输入/输出电压是目标电压，并用示波器查看电源输出纹波是否小于 50mV。

其他电路调试需要结合程序实施。

3）软件开发

（1）系统架构设计。

操作系统选择：根据要求选择实时操作系统 Intewell。

模块化设计：根据功能需求，将软件分为多个模块，主要实现以下功能。

① 三个步进电动机的控制，实现电动机的使能、方向、步长的控制。

② 按键功能：开始启动、停止和原点设定。

③ 三个步进电动机的限位检测。

④ 运行状态指示。

⑤ 外接设备的控制(气泵)。

⑥ 2 个串口通信：一个用于与计算机通信，调试设备；另一个用于与 485 的触摸屏通信。

（2）控制算法开发。

对于电动机的控制，由于该步进电动机没有反馈，因此只能选择开环控制算法，有以下算法作为参考。

① 脉冲控制算法。向步进电动机发送一定数量的脉冲信号，每一个脉冲信号对应电动机的一个步距角，通过控制脉冲的数量、频率和顺序控制电动机的位置、速度和旋转方向。

② 梯形加减速算法。开始时，逐步增加脉冲频率(加速阶段)，使电动机从静止达到设定的最大速度；在运行过程中保持最大速度(匀速阶段)；接近目标位置时，逐步降低脉冲频率(减速阶段)，最终准确停止在目标位置。

③ 与梯形加减速算法相比，S 曲线加减速算法的速度曲线呈 S 形，其加速度是连续变化的，在启动和停止阶段更加平滑，减少了电动机的振动和冲击，进一步提高了运行的稳定性和精度。

对于目标位置的控制，有以下算法作为参考。

① 位置控制算法。

a. 目标位置分解算法：将目标位置根据机器人的坐标系和运动轴进行分解，转化为每个轴需要移动的距离或角度。假设机器人的目标位置是三维空间中的一个点(X,Y,Z)，根据机器人各轴的运动方向和行程范围，计算出每个轴(例如 X 轴、Y 轴、Z 轴)需要移动的距离，即$(\Delta X、\Delta Y、\Delta Z)$。

b. 脉冲分配算法：根据各轴需要移动的距离和步进电动机的步距角，计算出每个轴所需的脉冲数。例如，对于步距角为 θ 的步进电动机，轴的移动距离与脉冲数的关系为 $N = \dfrac{\Delta L}{S} = \dfrac{360}{\theta}$。

其中，N 为脉冲数，ΔL 为轴的移动距离，S 为电动机每转对应的线性位移（对于旋转轴，S 可视为旋转半径对应的周长）。然后将计算出的脉冲数分配给相应的轴驱动器，控制各轴电动机的转动。

② 路径规划算法。

a. 直线插补算法：在机器人从当前位置移动到目标位置的过程中，如果需要沿直线运动，可以采用直线插补算法。该算法通过在两个端点之间按照一定的规律生成一系列中间点，使得机器人能够沿着直线轨迹运动。例如，在二维平面中，已知起点 (x_1, y_1) 和终点 (x_2, y_2)，可以根据直线方程 $y = kx + b \left(\text{其中}, k = \dfrac{y_2 - y_1}{x_2 - x_1}, b = y_1 - kx_1\right)$，计算出在 x 轴方向每次移动一个脉冲对应的 y 轴的移动量，从而实现直线插补。

b. 圆弧插补算法：当机器人需要沿着圆弧轨迹运动时，可使用圆弧插补算法。该算法通常基于圆心坐标、半径和起始角度、终止角度等参数，通过不断计算圆弧上的点坐标，并将其转化为各轴的运动指令。以平面圆弧为例，假设圆心坐标为 (x_0, y_0)，半径为 R，起始角度为 α_1，终止角度为 α_2，则在角度 α 处的点坐标为 $x = x_0 + R\cos\alpha, y = y_0 + R\sin\alpha$。通过逐步增加角度 α，计算出对应的点坐标，并转化为各轴的脉冲数进行控制。

（3）编程与实现。

编程语言：使用 C 语言进行编程，也可采用其他编程语言。

代码编写：根据功能需求编写代码，实现各个功能模块，每个模块是一个实时任务。

① 三个步进电动机的控制，实现电动机的使能、方向、步长的控制。

② 按键功能：开始启动、停止和原点设定。

③ 三个步进电动机的限位检测。

④ 运行状态指示。

⑤ 外接设备的控制（气泵）。

⑥ 2 个串口通信，一个用于与计算机通信，调试设备，一个用于与带 RS-485 的触摸屏通信。与触摸屏通信时，需要跟触摸屏的协议配合，具体请查看资源文档"Order 指令．xlsx"。

编程调试工具：使用开发工具 Intewell Developer V2.3.0_EDU_E2000Q_C1_b2、调试器 Intewell Toolbox、示波器等工具进行代码调试。

（4）软件测试。

① 单元测试：测试单个模块的功能。

② 集成测试：测试模块之间的交互和整体功能。

③ 系统测试：在真实环境中测试整个控制系统。

Order 指令

4）集成与优化

（1）软硬件集成：将软件与硬件系统结合，进行整体测试。

（2）性能优化：根据测试结果对软硬件进行优化，提高性能和稳定性。

5. 文档与维护

（1）文档编写：编写详细的技术文档，包括设计原理、操作手册等。

（2）维护更新：根据用户反馈和市场变化，对系统进行维护和升级。

在整个开发过程中，需要团队密切合作，不断迭代和改进，以确保最终产品的质量和性能满足设计要求。同时，安全性也是开发过程中必须考虑的重要因素。

5.2.3　实践项目考核方法

实践项目考核主要包含以下 3 个方面，详见表 5-11。

表 5-11　考核说明

表现（20%）		出勤（10%）
		团队协作（10%）
项目成果（60%）		功能实现（40%）
		文档撰写（15%）
		创新（5%）
答辩（20%）		成果展示和讲解（20%）

本章小结

本文围绕桌面教学机器人开发展开，其具备自动执行、环境感知等多种功能。通过分析其机械结构、电源板、主控板和驱动板全面了解机器人的各个组成部分。

在开发实践上，由简入深，先是按照原有的机器人进行组装调试，再根据原有功能，升级到 E2000 系列芯片，重新设计电路板，并选用 Intewell 操作系统重新设计控制程序。在安排任务时，采用团队合作的方式，团队分工明确，硬件组按照要求重新设计主控板；软件组选择 Intewell 系统，并且在项目统筹人员的安排下，完成整个项目的实施。此机器人开发过程系统全面，有力促进学生多方面能力提升与知识掌握。

习　　题

1. 在桌面教学机器人的组装和系统调试过程中，如何确保所有组件正确安装并连接？在调试时，如何识别并解决出现的故障？这个过程对你理解机器人的整体结构和功能有何帮助？

2. 在主控板重新设计过程中，如何根据功能需求和性能要求选择合适的主控芯片和外围电路？在 PCB 图设计时，如何考虑布局和布线以优化性能和可靠性？制作完成后，如何测试新主控板的性能？

3. 在编程过程中，你如何理解并应用所选控制算法的原理？如何确保算法的正确性和稳定性？在测试时，如何评估算法的性能和效果？

4. 在机器人控制系统软硬件集成与优化实践过程中，如何确保软硬件之间的兼容性和协调性？在优化时，如何识别并解决性能瓶颈和潜在问题？这个过程对你理解机器人控制系统的整体设计和优化有何帮助？

5. 在桌面教学机器人功能扩展与创新实践过程中，如何确保新功能的实用性和可靠性的？如何评估创新改进对机器人整体性能的影响？这个过程对你培养创新思维和解决问题的能力有何帮助？

参考文献

[1] 科东(广州)软件科技有限公司.鸿道 Intewell 新型工业操作系[EB/OL].(2024-10-16)[2025-0222]. https://www.intewellos.com/Intewell/index.aspx.

[2] 谢希仁.计算机网络原理[M].8 版.北京：电子工业出版社,2021.

[3] 贾坤,康晓娜,杨露,等.物联网技术及应用教程[M].2 版.北京：清华大学出版社,2023.

[4] MQTT 教程[EB/OL].[2025-01-25]. https://getiot.tech/mqtt/.

[5] pwl999.EtherCAT(学习笔记)[EB/OL].(2020-10-31)[2025-01-25]. https://blog.csdn.net/pwl999/article/details/109397700.

[6] grbl 控制 3 轴机械臂 原理 实现(一)之 2D 机械臂模拟及实现[EB/OL].(2021-02-26)[2025-01-25]. https://blog.csdn.net/ourkix/article/details/114145771.

[7] 沐多.EtherCAT 主站 IgH 解析(一)——主站初始化、状态机与 EtherCAT 报文[EB/OL].(2021-02-22)[2025-01-25]. https://www.cnblogs.com/wsg1100/p/14433632.html.

其他参考资料

[1] 飞腾信息技术有限公司.飞腾腾珑 E2000 数据手册 V0.8.6 版本-Q,2023.

[2] 飞腾信息技术有限公司.飞腾腾珑 E2000 软件编程手册 V0.8,2023.

[3] 飞腾信息技术有限公司.飞腾嵌入式 Linux 用户手册-E2000,2023.

[4] 深圳中电港技术股份有限公司.萤火工场·CEK8903 飞腾派硬件规格书-V1.0-Q,2023.

[5] 科东(广州)软件科技有限公司.Intewell Developer 用户指南.

[6] 科东(广州)软件科技有限公司.Intewell TTOS 软件编程手册(V1.0),2020.

[7] 科东(广州)软件科技有限公司.Intewell TTOS 软件参考手册,2020.

[8] 科东(广州)软件科技有限公司.飞腾腾珑 E2000Q 参考板说明手册 V0.8,2023.

[9] 科东(广州)软件科技有限公司.Intewell 安装手册 E2000Q(V1.2),2024.

[10] 科东(广州)软件科技有限公司.教育飞腾派 200Q 适配项目 Intewell BSP 开发手册 V1.4,2024.

[11] 科东(广州)软件科技有限公司.Intewell 实时扩展用户手册,2020.

[12] 科东(广州)软件科技有限公司.Intewell 虚拟化用户手册,2020.